U0186922

UN BIODIVERSITY
CONFERENCE
COP-15 CP/MOP10-NP/MOP4
Ecological Civilization-Building a Shared Future for All Life on Earth
KUNMING. CHINA. 2020

生态文明：共建地球生命共同体

ECOLOGICAL CIVILIZATION
BUILDING A SHARED FUTURE FOR
ALL LIFE ON EARTH

自然界的灵之长
PRIMATES LIVING
IN FORESTS AND
MOUNTAINS

生态环境部宣传教育中心 ◎主　编

北京环保娃娃公益发展中心
"福特汽车环保奖"组委会 ◎副主编

中国经济出版社
CHINA ECONOMIC PUBLISHING HOUSE

图书在版编目（CIP）数据

自然界的灵之长／生态环境部宣传教育中心主编
. -- 北京：中国经济出版社，2022.12
（蓝星使者生物多样性系列丛书）
ISBN 978-7-5136-6922-1

Ⅰ. ①自… Ⅱ. ①生… Ⅲ. ①灵长目 - 普及读物
Ⅳ. ① Q959.848-49

中国版本图书馆 CIP 数据核字（2022）第 077246 号

策划统筹　姜　静
责任编辑　姜　静　王西琨
责任印制　马小宾
装帧设计　墨景页

出版发行　中国经济出版社
印　刷　者　北京富泰印刷有限责任公司
经　销　者　各地新华书店
开　　本　880mm × 1230mm　1/32
印　　张　6.125
字　　数　113 千字
版　　次　2022 年 12 月第 1 版
印　　次　2022 年 12 月第 1 次
定　　价　68.00 元

广告经营许可证　京西工商广字第 8179 号

中国经济出版社 网址 www.economyph.com 社址 北京市东城区安定门外大街 58 号　邮编 100011
本版图书如存在印装质量问题，请与本社销售中心联系调换（联系电话：010-57512564）

版权所有　盗版必究（举报电话：010-57512600）
国家版权局反盗版举报中心（举报电话：12390）　　服务热线：010-57512564

《自然界的灵之长》编委会

主　　编

生态环境部宣传教育中心

副 主 编

北京环保娃娃公益发展中心

"福特汽车环保奖"组委会

编　　委

田成川	闫世东	杨　珂	刘汝琪	周恋彤
陈小祎	梁伯平	姜　静	胡　衡	张婉娴
龙勇诚	范朋飞	张文博	李如雪	祝常悦
阎　璐	薛　康	和鑫明	郭潇滢	李　萌
袁梦倩	李锡生			

科学审读

黎大勇　邓怀庆　夏东坡　靳　彤

内容支持

明善道（北京）管理顾问有限公司

大理白族自治州云山生物多样性保护与研究中心（云山保护）

广西生物多样性研究和保护协会（美境自然）

白马雪山国家级自然保护区

四川锦明康泰文化传播有限公司

蓝星使者生物多样性系列丛书序言

FOREWORD TO THE EARTH GUARDIANS BIODIVERSITY SERIES

20世纪60年代，由雷切尔·卡逊所著《寂静的春天》一书，让全世界开始关注受化学品侵害的自然生物。面对环境污染、物种自然栖息地破坏等造成的生物多样性问题，1992年6月1日，由联合国环境规划署发起的政府间谈判委员会第七次会议在内罗毕通过《生物多样性公约》，并于同年6月5日在巴西里约热内卢联合国环境与发展会议上正式开放签署，中国成为第一批签约国。1993年12月29日，《生物多样性公约》正式生效。中国的积极建设性参与，为谈判成功及文件正式生效作出了重要贡献。

2016 年，我国正式获得《生物多样性公约》第十五次缔约方大会（COP15）主办权，这是我国首次举办该公约缔约方大会。2021 年 10 月 11 日至 15 日，COP15 第一阶段会议在云南昆明召开，国家主席习近平以视频方式出席领导人峰会并作主旨讲话，提出构建人与自然和谐共生、经济与环境协同共进、世界各国共同发展的地球家园的美好愿景，并就开启人类高质量发展新征程提出四点主张，宣布了包括出资 15 亿元人民币成立昆明生物多样性基金、正式设立第一批国家公园、出台碳达峰碳中和 "1+N" 政策体系等一系列务实有力度的举措，为全球生物多样性保护贡献了中国智慧，分享了中国方案，提出了中国行动。

虽然《生物多样性公约》已生效约 30 年，但生物多样性保护仍面临诸多挑战。联合国《生物多样性公约》

秘书处 2020 年 9 月发布第五版《全球生物多样性展望》（GBO-5），对自然现状和"2010—2020 年的 20 个全球生物多样性目标"完成情况进行了最权威评估。该报告指出，全球在 2020 年前仅"部分实现"了 20 个目标中的 6 个，全球生物多样性丧失趋势还没有根本扭转，生物多样性面临的压力仍在加剧，例如，栖息地的丧失和退化仍然严重，海洋塑料和生态系统中的杀虫剂等污染仍然突出，野生动植物数量在过去十年中持续下降，等等。事实告诉我们，全球正处于生物多样性保护的关键时期，实现人与自然和谐发展仍然任重道远。

唤起公众保护生物多样性意识，促进人与自然和谐共生是生态环境宣传教育的重要内容。这套蓝星使者生物多样性系列丛书以旗舰物种为重点，致力于讲述野生动植物的生存故事和人类与它们的互动故事。这些故事会让我们看到，身为食物链顶端的物种，我们有责任去维护自然界的完整与和谐。本套丛书共五册，分别是《豹在雪山之巅》《自然界的灵之长》《守护自然飞羽》《呵护水精灵》《探秘红树林》，由生态环境部宣传教育中心联合中国经济出版社有限公司、北京环保娃娃公益发展中心、"福特汽车环保奖"组委会共同策划实施。

本套丛书内容全部来自25家遍布全国的社会组织，故事和图片出自其中41位从事一线动物保护（研究）的工作人员，他们深入高山荒野，穿梭在丛林野外，游走于江海滩涂，掌握了许多珍贵的野生动植物第一手资料，这些动人的故事都将在这套丛书中集中呈现。本套丛书中涉及200余个物种，既包括人们比较熟知的雪豹、藏狐、金丝猴、绿孔雀、丹顶鹤、长江江豚等，也有相对小众却同样重要的高原鼠兔、白马鸡、乌雕、白眼潜鸭等。

　　在自然链条中，人与其他物种相互关联。人类没有条件在寂静的春天中独自生存和发展。阻止并最终扭转当前生物多样性的下降趋势，是人类社会共同的责任和价值。让我们先从认识生物多样性的价值，了解身边的"蓝星使者"开始吧！

田成川

2022 年 6 月

前言 PREFACE

　　宇宙浩瀚无垠，地球遨游其中犹如沧海一粟，太过渺小，似乎可忽略不计。然寰球游史迄今已46亿年，其上生命史也长达38亿年。经历漫长时间和各种机缘巧合，地球上的生命世界才会如此缤纷灿烂、生机盎然。距今约6000万年前，地球上孕育出最聪明的生命类群——灵长类，人类也是其中一员，出现于约700万年前。

　　人类给地球生命世界带来了新的发展机遇，也给地球生态系统造成了破坏。人类需求的日益增加导致全球森林大面积减少、动物栖息地被破坏、水土流失、环境污染和生物多样性资源受损，使得地球生命世界遭受前所未有的灾难。与我们手足相依的其他灵长类首当其冲，世界上 560 多种灵长类动物因猎杀和家园被毁而面临种群数量急剧下降的厄运。

其他灵长类动物与人类同源，我们和它们情同手足，它们在身体结构、生理、代谢、思维和智慧、活动行为、社会制度等方面与我们有千丝万缕的联系。人类及人类社会的很多现象和行为都能从它们那儿找到印证、找到痕迹。

中国是北半球猿猴种类最多的国家，是世界灵长类起源中心。如今中华大地上有猿猴的地方多是原始森林，四季流水潺潺、鸟语花香、无旱无涝、更无污染，这些是当地可持续发展的重要保障。因此，绿水青山就是金山银山，而猿猴所栖息的原始森林则是金山银山中的极品，堪比钻石之山，故猿猴和原始森林实乃神州之最大财富。珍爱猿猴就是珍爱我们人类自己。

其实，世间所有生命形式都和我们人类一样，也经过了亿万年进化历程。作为人类，我们应当庆幸和赞叹自己的好运，更要珍爱和善待上苍馈赠给我们的生存环境及各种生命形式，自觉维护好地球这一宇宙生命方舟！

龙勇诚

2021 年 9 月 12 日

目录
CONTENTS

01
灵长类概览
002 灵长类＝猴＋猿＋人
003 认识灵长类动物
007 灵长类在中国
009 珍爱猿猴就是珍爱
　　我们自己

04
长臂猿的专属铲屎官
044 猿粪难求
046 因猿粪而荣获"雪爷"称号
047 关于长臂猿的"习惯化"
048 猿粪的处理
049 顺利的开局
051 又一个新的希望
054 获取"新希望"
056 离去的父亲
058 希望在继续

05
辨识海南长臂猿和天行长臂猿
064 缘起
066 实录
069 辨识

08
川金丝猴——神秘可爱的自然精灵
118 金丝猴名字的由来
121 漂亮的川金丝猴
124 川金丝猴的分布地区

09
寻觅滇金丝猴的踪迹
136 季节、天气和食物分析
140 粪便分析
141 断落的枝条及树干的分析
144 足迹分析
146 食迹分析
148 声音分析
149 水源分析
150 人为活动分析
151 瞭望方法

02

了解中国长臂猿

015 中国长臂猿现状
016 西黑冠长臂猿
017 东黑冠长臂猿
020 海南长臂猿
022 北白颊长臂猿
024 白掌长臂猿
025 天行长臂猿

03

"背头"与"阿珍"一家

032 在自然中歌唱
034 添丁进口
038 寻偶之惑

06

山里，长臂猿的一天

077 整装待发
078 搜寻猿粪
082 观察长臂猿
088 收工

07

金丝猴大家族

094 可爱的金丝猴
101 川金丝猴
104 滇金丝猴
107 黔金丝猴
109 怒江金丝猴
113 越南金丝猴

10

白头叶猴调查

158 数猴
164 等猴

11

一辈子只守一座山

173 进入白马雪山的第10年，
    肖林见到了滇金丝猴
174 行李已经那么沉了，猴子
    却依然那么难找

灵长类＝猴＋猿＋人？
没错！
作为人类的近亲，
猿猴与我们人类"同根"，
在身体结构、生理、行为等方面，
与我们有着千丝万缕的联系。
人类社会的很多文化现象，
也能在猿猴中找到痕迹和印证。
猿猴与森林的保护需求一致，
猿猴与人类的生态需求一致。
珍爱猿猴，
就是珍爱我们自己！

OVERVIEW OF PRIMATES 01

灵长类概览

灵长类 = 猴 + 猿 + 人

十二生肖里有一种动物是"猴"，它属于灵长目，和它同属一类的还有猿。之所以叫"灵长"，是在生物进化系统的分类中，最高的一类为灵长目，其中进化了的就是人类。所以，灵长类 = 猴 + 猿 + 人。把猴类和猿类说成我们人类的表亲一点儿也不为过。

在树上攀缘的滇金丝猴
供图 / 白马雪山国家级保护区野生动物救护站

按现在的认知，我们人类在地球上已经存在了近 700 万年。在这非常悠久的历史长河中，我们和这些猿猴们本是同根生，却因"失联太久"，今天似乎已成陌路。

只要我们仔细观察，每个人都会发现猴类和猿类长得跟我们人类真的很像。它们和我们在身体结构、生理、行为等方面有着千丝万缕的联系，人类社会的很多文化现象也能在它们中找到痕迹和印证。比如，它们的牙齿排列和换牙方式都和人类一样！乳齿 20 颗，恒齿 28+4 颗（"4"是指 4 颗智齿，也叫尽头牙）。但是，有些人的智齿一辈子都不一定长出来，这也是一种进化的表现。因为我们人类吻部不像猿猴那样突出，所以颌骨较短，若全部恒齿都长出，有可能会造成牙床位置不够而迫使牙齿不齐，因此很多人需要矫牙。随着时间推移，今后需要矫牙的人只会越来越多，矫牙业也必将越来越红火！

认识灵长类动物

正确认识和善待灵长类动物是实现人与自然和谐共生的第一步，也是对人类自身的尊重，更是对人类未来的深刻考量！有这些近亲相伴，人类在地球上就不会感到孤独！

供图／白马雪山国家级保护区野生动物救护站

　　人类最应关注的动物有三类：第一类是灵长类，因为它们是我们的近亲；第二类是食肉类，因为它们会伤害人类和牲畜；第三类是有蹄类，因为它们是我们肉食的主要来源。

　　中国古代的三个甲骨文字——"猴""虎"和"鹿"，说明中国人自古以来就特别关注这三类动物。而西方文明则因欧洲和北美洲没有现生灵长类动物，过去只是关注食肉类和有蹄类，直到 17 世纪才开始关注到灵长类。然而欧美学者们一旦开始关注，便立刻为之倾倒，投入了大量的人力和财力，短短一个多世纪之后，欧美人就成了灵长类学研究的主力军。后来，日本发现了这个挑战机会，于是急起直追，经过 60 多年不懈努力，进入了世界领先水平。日本其实只有一种灵长类动物，就是会泡温泉的日本猴，但他们

在树枝上休憩的滇金丝猴
供图／白马雪山国家级保护区野生动物救护站

当时认为欧洲和北美洲连一种灵长类动物都没有，所以日本在这方面具有资源优势，只要人力和财力投入有保障，定会后来居上。国际灵长类学会（International Primatological Society，IPS）最近四任主席当中有三任为日本人，就很说明问题。

　　灵长类最引人注目的三大特征：嘴唇、指甲和四手。虽然人们多以为嘴唇主要用于两性相互吸引，然其真实功能却是用来吃奶的。所以，嘴唇是所有哺乳动物的共同特征。也就是说，所有哺乳动物都长着嘴唇。哺乳就是喂奶，所谓哺乳动物就是会给婴儿喂奶的动物。嘴唇虽然非常重要，但四手和指甲才是真正属于灵长类的特征！其他陆生哺乳动物类群基本上是四足动物，而灵长类则是树冠上的进化产物，其四足变得越来越灵活，最终成了四手。此外，由于它们数千万年来一直在树梢枝头间利用四手抗花摘果和食叶捉虫，因而手指变得十分灵巧，指尖的爪逐渐变薄，最终成为指甲。正是指甲这一获得性遗传，人类的手指才如此灵活，能胜任各种精细活计，让各种神话得以梦想成真！

觅食的滇金丝猴
供图 / 白马雪山国家级保护区野生
动物救护站

　　迄今为止，世界上已经发现的现生灵长类共有 540 种，如果算上亚种，则有 750 种。其中一种就是我们人类，其余均为灵长类动物，也就是猿类与猴类，分属 15 科和 80 属，分布在亚洲、非洲、南美洲的 92 个国家和地区。

　　世界上最大的灵长类动物是生活在非洲的大猩猩，体重可达近 200 千克。而最小的则是生活在南美洲亚马孙河流域的倭绒猴，出生时仅十多克，大小跟人的手指差不多，成体最多也不到 100 克。

　　在所有的猿猴之中，生活在滇藏交界雪山之巅的滇金丝猴最引人注目。它们是世间最像人的生灵，长得人模人样，且面白唇红，令人心动。

滇金丝猴母子
供图 / 白马雪山国家级保护区野生动物救护站

1994 年，龙勇诚（左二）
和同伴在白马雪山找寻滇金丝猴群途中

龙勇诚（右一）
与同伴在老君山外考察

1992 年，龙勇诚（右一）
考察滇金丝猴群途中

灵长类在中国

　　中国是世界上灵长类数量最多的国家，也是世界上灵长类动物最濒危的国家，这是因为中国人口已超过 14 亿。而人类也是灵长类啊！因此中国的各种生物资源消耗极为巨大，导致灵长类动物赖以生存的森林片段化不断加剧。

　　此外，猿猴从来就被视为人的食物、药物和宠物以及毛皮的主要来源，其生命安全无保障，即便是在保护区内亦是如此。近年来，相关部门相继采取了一些措施及行动，但人力和财力投入严重不足，野生动物的保护管理还是"雷声大雨点小"，西双版纳国家级自然保护区内的野生白颊长臂猿种群全部消失就表明了这一问题的严重性和迫切性。如今，中国所有的灵长类动物种类都已成为濒危物种，如何拯救这些森林精灵已成燃眉之急，亟待付诸行动。

中国现生灵长类动物共有 28 种，连亚种算上共 48 种，其中海南长臂猿、天行长臂猿、3 种金丝猴（川金丝猴、滇金丝猴和黔金丝猴）、白头叶猴、台湾猕猴和藏酋猴是中国特有物种。中国在全球猿猴物种多样性最丰富国家之中排列第七，仅次于巴西（139）、马达加斯加（105）、印度尼西亚（70）、刚果（66）、哥伦比亚（52）和秘鲁（50）。而这 6 个国家都位于南半球或赤道上，因此，中国是北半球现生灵长类动物物种最多的国家。

不过，中国的灵长类动物种类可能不止这些。

白马雪山的滇金丝猴
供图 / 白马雪山国家级保护区野生动物救护站

比如说，1993 年西藏珞隅地区发现西白眉长臂猿的报道和云南麻栗坡县老山地区有关越南金丝猴的传说，再就是梅里金丝猴。这些物种的存在与否还有待科学证实。

珍爱猿猴就是珍爱我们自己

虽然灵长类动物是人类近亲，但二者的生态位是截然不同的。人类绝大多数都生活在各种大大小小的冲积扇上，这是因为那里土地肥沃、用水方便、出行容易、经济发达。

无论是纽约、上海、广州这些大都市，还是各小县城或乡镇村社不都是建在各类不同的冲积扇之上吗？而灵长类动物们现在都住在远离人类聚集区的流域上端，那里还有残存的原始森林或荒野，鸟语花香，风景优美。君不见，普天之下凡能听到猴鸣猿啸的地方，不都是无旱无涝、风调雨顺、生态安全无忧吗？故凡仍有灵长类动物存在的地方，都是耸立在中华大地之上的一座座天然水塔。那里的生态弹性极高，那里没有水多、水少、水脏的问题，是我们中华民族生存和可持续发展的最终依靠。随着中国经济腾飞和人民生活水平的提高，清洁水源需求日益增加，我们必须设法让这些天然水塔基础越来越牢固，面积越扩越大。所以，我们保护灵长类动物就是保障人类自身的生态安全。

2010年春天，在云南哀牢山上，当时正值中国西南五省份（包括四川、云南、贵州、广西和重庆）遭遇世纪大旱，造成数百条河流断流，干涸的水库和池塘数以千计，几千万同胞受灾。然哀牢山上却是另一番景象：山涧潺潺流水，林中猿声回荡，莺歌燕舞，百花争艳，处处生意盎然。当时哀牢山国家生态网定位观察站的地下水位变化状况表明：在持续没有降雨的200天里，地下水位共下降了1500多毫米，平均每天约7毫米，但山中溪流流量基本不减。原始森林有如巨大海绵，每天的涓涓细流为其周边匀速提供数百万立方米的清洁水源。

目前非洲人类起源学说非常流行，并已经得到了世界上绝大多数学者的认同。但最新研究进展表明：灵长类起源于中国！湖北荆州、湖南衡东和云南昭通都发现了最古老的灵长类化石，大约为5500万年前。这些表明：世界灵长类的起源中心和物种分化中心在中国，中国对于全球灵长类和人类进化的科学研究意义极为重大，在中国做灵长类研究大有前途。只有有识之士为之前仆后继、奋斗不息，数十载后，方可见曙光。此外，更多的国人觉悟和决策者支持同等重要。愿广大的有识之士支持中国灵长类保护事业！愿中国灵长类与人类进化研究学科早日振兴，赶超欧美国家和日本！

猿猴与森林的保护需求相一致；猿猴与人类的生态需求相一致；珍爱猿猴就是珍爱我们自己！

本文原创者

龙勇诚

　　毕业于中山大学生物系，曾在中国科学院昆明动物研究所工作，从事灵长类动物的研究，1987年起开始研究滇金丝猴。曾任大自然保护协会（The Nature Conservancy）首席科学家，中国灵长类学会理事长（2003—2013年）。目前为阿拉善SEE西南中心首席科学家、中国灵长类学会名誉会长、中国兽类学会常务理事、中国动物生态学会理事。

　　在灵长类动物生态行为学和生物多样性与自然保护管理、研究方面具有全面而扎实的理论基础和丰富的实践经验，先后在国内外科学核心期刊上发表学术论文50余篇，著有科普读物《守望雪山精灵：滇金丝猴科考手记》。

山川与河流，
从古老大陆的制高点延伸而来，
热带季风年复一年带来雨水。
这片被称为中南半岛的大地，
以及散落的印度尼西亚群岛，
是长臂猿最后的家园。

LEARN ABOUT CHINESE GIBBONS 02
了解中国长臂猿

它们居住于原始森林最上层的华盖之中，

不见踪影也极难抓捕，因而被视为有仙人出没的深山幽谷中的神秘居民。

——高罗佩著《长臂猿考》

隐于山林之中：天行长臂猿 摄影／董磊

中国长臂猿现状

科学界把现生长臂猿分为 4 属，即白眉长臂猿属、冠长臂猿属、长臂猿属和合趾猿属，共 20 种，中国分布有 3 属 6 种。但我们必须面对一个事实：其中有两种近 10 年没有人遇见过真正的野外个体。

长臂猿曾经广泛分布在我国南方地区，由于它们是果食性动物，遭到破坏的次生林往往无法满足长臂猿对食物的需要，因此长臂猿通常只能生存于保存完好、植物种类丰富的原始森林。但是，受人类活动和气候变化的影响，原始森林遭到严重的破坏，我国现存的 6 种长臂猿仅生活在云南、广西和海南的少数原始森林中，总数不超过 1500 只，其中 4 种被世界自然保护联盟（International Union for Conservation of Nature，IUCN）红色名录列为极度濒危物种。

中国长臂猿的现存情况（数据截至 2022 年 5 月）		
区域	种类	数量
云南	天行长臂猿	<150 只
云南	白掌长臂猿	野外灭绝？
云南	北白颊长臂猿	野外灭绝？
云南	西黑冠长臂猿	1100~1200 只
广西	东黑冠长臂猿	33 只（含 3 群跨国活动群）
海南	海南长臂猿	36 只

西黑冠长臂猿

西黑冠长臂猿（学名 *Nomascus concolor*）雌雄异色，是冠长臂猿属的一个物种。

从下面两张照片可以清楚地看到：雄性西黑冠长臂猿头顶有明显的直立的冠，雌性西黑冠长臂猿头顶有一块黑色冠斑。冠长臂猿的名字也由此而来。

雄性西黑冠长臂猿　　　　　　　　雌性西黑冠长臂猿

摄影／赵超

在中国，无量山和哀牢山是西黑冠长臂猿现有的两个最大种群的分布地。在云南西部和澜沧江西边的临沧还有几个特别小的种群。在云南南部也有几个小种群。全世界约有 1300 只西黑冠长臂猿，其中 1100 ~ 1200 只分布在中国，可以说是中国长臂猿中家族最枝繁叶茂的了！

东黑冠长臂猿

东黑冠长臂猿（学名 *Nomascus nasutus*）也是冠长臂猿属的一个物种。这个物种以前被认为是西黑冠长臂猿的一个亚种。

2003 年以前，东黑冠长臂猿被认为已经灭绝了。直到 2003 年，在越南北部——靠近中国国境的一小片喀斯特森林里，东黑冠长臂猿被再次发现，科研人员发现它的叫声、形态和遗传都与西黑冠长臂猿有非常明显的差异，所以现在科研人员一致认为东黑冠长臂猿是一个独立物种。

2007 年，范朋飞教授和野生动植物保护国际（Fauna & Flora International，FFI）团队一起对中国境内的东黑冠长臂猿种群进行了第一次调查。从 2007 年到现在，该团队一直在研究东黑冠长臂猿，这种长臂猿在我国国内的种群数量正在缓慢恢复，2013 年和 2015 年分别形成了两个新的家庭群。目前，中国的东黑冠长臂猿的种群数量是 5 群 32 只 ①（含中越边境活动的家庭群）。

虽然东黑冠长臂猿种群数量稀少，全球只有 100 多只，但这 100 多只东黑冠长臂猿生活在同一片栖息地，没有受到种群栖息地破碎化的影响。因此，它们暂时没有成年后找不到对象的烦恼。

---

① 2009 年，广西邦亮省级自然保护区成立（2013 年晋升为国家级自然保护区），当时保护区内东黑冠长臂猿的种群数量为 3 群 19 只。2011 年，广西邦亮自然保护区与越南高平重庆长臂猿自然保护区签署合作备忘录。

如何区分东黑冠长臂猿和西黑冠长臂猿

东黑冠长臂猿雌性面部有一圈白毛，而且头顶冠斑特别大，一直延伸到背部中央；雄性虽然也是黑色的，与西黑冠长臂猿非常像，但是东黑冠长臂猿雄性头顶的冠没有那么明显，看上去有点儿像小平头，这是它与西黑冠长臂猿有区别的一个特征。另外，东黑冠长臂猿胸部有一块褐色的斑，西黑冠长臂猿没有。

雌性东黑冠长臂猿和她的小长臂猿
摄影／赵超

雄性东黑冠长臂猿　摄影／赵超

东黑冠长臂猿妈妈与宝宝　摄影／赵超

海南长臂猿

　　海南长臂猿（学名 *Nomascus hainanus*）也是一种冠长臂猿，海南长臂猿与东黑冠长臂猿、西黑冠长臂猿存在明显差异。

　　如果在中国的野外看到一只黑色长臂猿，而且可以清楚地看到它的耳朵，那就是海南长臂猿。

★它们的叫声不同。
★雌性海南长臂猿脸部没有白色毛发，头顶冠斑特别小。
★雄性海南长臂猿的毛发比较短，耳朵外露。

　　海南长臂猿是世界上最濒危的灵长类动物，也是中国特有的一种长臂猿，仅分布于中国海南省。海南长臂猿的种群数量曾经一度下降到只有 7 只的程度。

　　从 2003 年到现在，海南长臂猿得到了比较严格的保护，先后形成了 3 个新的家庭群。截至 2022 年 5 月，有 5 群 36 只。

雌性海南长臂猿　摄影／赵超

世界上最孤独的灵长类：海南长臂猿（雄性）　摄影／赵超

北白颊长臂猿

北白颊长臂猿（学名 *Nomascus leucogenys*）也是冠长臂猿属的一个物种。北白颊长臂猿与前面讲过的 3 种长臂猿相比，最大的特点是雄性的两颊呈白色。北白颊长臂猿曾经广泛地分布在中国云南西双版纳地区，具体数量现在已经无法统计。

20 世纪 60 年代，如果你在勐腊县城招待所住宿，那么早上便可以听到县城招待所附近森林里长臂猿的叫声。后来，随着西双版纳地区迅速开发、大规模种植橡胶树，很多长臂猿的栖息地被破坏。另外，西双版纳附近的瑶族、哈尼族有打猎的习惯，所以，20 世纪 80 年代末，在栖息地丧失和被猎杀的双重压力下，北白颊长臂猿在中国的种群数量急剧下降。当时，这个物种在国内的种群数量不超过 40 只。

范朋飞教授在 2008 年做访问调查时听说，有人那几年见到过北白颊长臂猿，但 2011 年去做野外调查时却一点儿痕迹都没有发现，可能西双版纳已经没有北白颊长臂猿了。2011 年之后，再没有人听到或看到过北白颊长臂猿。现在科学界认为，北白颊长臂猿在中国野外已经功能性灭绝了。

消失的北白颊长臂猿　摄影／赵超

白掌长臂猿

　　白掌长臂猿（学名 *Hylobates lar*）和前面讲到的几种长臂猿不同，这个物种的雌雄两性都有浅色型和深色型。所以，如果去泰国或马来西亚，你看到一只黑色长臂猿抱着一只小长臂猿也不要惊讶。

谁是雌性，谁是雄性　摄影／赵超

　　白掌长臂猿在中国的分布区很小，直到 1967 年，中国科学家才第一次记录到白掌长臂猿。在随后的几十年间，这个物种在中国的保护并没有引起足够的重视。中国云南南部的南滚河保护区曾是中国白掌长臂猿的一个主要分布区。

20 世纪 90 年代，白掌长臂猿在我国的数量已经不足 10 只，只剩 2 ~ 3 群。2007 年，范朋飞参与了中国科学院昆明动物研究所、瑞士苏黎世大学一起组织的南滚河白掌长臂猿的调查。和调查北白颊长臂猿时一样，在调查过程中没有听到任何长臂猿的叫声，也没有发现它们取食的痕迹。据村民说，在 2000 年左右，这种长臂猿的叫声就听不到了，于是这个物种的生存状况也就成了一个谜。

天行长臂猿

天行长臂猿（学名 *Hoolock tianxing*）是中国境内第 6 种长臂猿。现在大家可能对它比较了解，但 10 多年前，中国了解天行长臂猿的人极少。

20 世纪 80—90 年代，中国科学院昆明动物研究所的两位老师对天行长臂猿的种群进行调查时，发现这种长臂猿的种群数量非常少。范朋飞教授团队 2008 年开始研究天行长臂猿时，研究界普遍认为它是东白眉长臂猿。

东白眉长臂猿的典型特征：雄性下巴上有明显的白色胡须，在眼眶中间有一些明显的白毛，阴部的毛是灰白色或白色的。

长久以来一直被认为是东白眉长臂猿的"天行者"
摄影 / 范朋飞

但是通过几年野外观察，习惯化①几群野生长臂猿后，范朋飞团队发现这些长臂猿的外形特征和典型的东白眉长臂猿存在明显的差异。

雄性东白眉长臂猿　绘制／刘秦樾

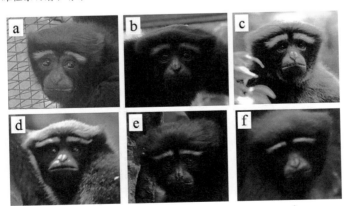

雄性天行长臂猿证件照。雄性天行长臂猿没有特别明显的白胡子，
眼眶中间也没有明显的白毛　摄影／范朋飞

———————————————
① 编者注：习惯化是指经过长期观测，能静静与人相处，不再惧怕人类。

小天行长臂猿在吃爬树龙的果实　摄影／董磊

　　通过多年不断地搜集证据，结合它们的牙齿形态和 DNA 分析，范朋飞团队于 2017 年确定了高黎贡山的长臂猿是不同于东白眉长臂猿的一个独立物种，并将其命名为天行长臂猿。

　　范朋飞团队认为，天行长臂猿还有一些种群分布在缅甸的东北部。由于这个区域不属于缅甸中央政府的控制区，时常发生局部战争，所以无论是缅甸当地人还是其他国家的人，都没有办法到那里调查。所以，缅甸东北部的天行长臂猿种群情况目前处于完全未知的状态。

　　其实，一直以来人们都不曾完全了解过长臂猿——这种与人类亲缘关系最近的动物，希望未来有越来越多的人能够认识和了解长臂猿。

本文原创者

范朋飞

　　中山大学教授，兽类学家，国家优青获得者。云山保护创始人，天行长臂猿命名者。从 2002 年起对我国 6 种长臂猿进行种群数量调查和生态学研究，建立了东黑冠长臂猿和高黎贡山天行长臂猿两个长期野外研究基地。

　　云山保护，注册名称为大理白族自治州云山生物多样性保护与研究中心，成立于 2015 年 6 月，是国内唯一专注于长臂猿保护的公益机构。云山保护秉持科学、合作、信任、可持续的理念，通过科学研究、科普教育和保护行动抢救性地研究和保护中国西南地区的生物多样性，同时促进当地社区的可持续发展。在实地保护中选择以长臂猿等旗舰物种的研究与保护为突破口，进而保护我国西南地区生物多样性最为丰富的原始森林生态系统。

在高黎贡山里，
有许多长臂猿家庭。
"背头"与妻子"阿珍"一家，
逍遥地生活在山南段的自然公园中。
优美的二重唱，
悠扬的家庭大合唱，
在山中此起彼伏，
久久回响。
唱歌、玩耍、繁育、搬家……
便是一家的专属猿生。

"SLICKED–BACK HAIR" AND "JANE" FAMILY **03**
"背头"与"阿珍"一家

高黎贡山里有许多长臂猿家庭，其中在南段的自然公园中就有一对恩爱的夫妻——丈夫"背头"与妻子"阿珍"。它们领地内的土地与食物使它们不需要像热带的长臂猿那样与同类争夺，生活颇为自在。

"背头"与"阿珍"的家园 供图／董磊

在自然中歌唱

每天早晨吃过早饭，往往是"阿珍"一声嘹亮的起头，夫妻俩就会表演一场持续近半小时的歌唱，优美的二重唱在方圆数千米的山中久久回响。

家庭成员间的合唱，除了可以加深一家的感情，还是宣告自己的领地、与邻居打招呼的一种方式。浓密的树冠层保护着生活在其中的生物，也在一定程度上阻隔了视线。小家庭分散居住的长臂猿为了与同类交流，进化出了格外嘹亮的叫声。在长臂猿分布密集的区域，一个家庭的歌唱往往可以引起在附近生活的其他猿群的回应。此起彼伏的悦耳叫声恰如李白的诗句"两岸猿声啼不住，轻舟已过万重山"所描写的感觉。

李家鸿老师在野外工作
供图／李家鸿

"背头"与"阿珍"的家庭附近原本生活着另一个家庭，但在十多年前的某一天，一声枪响永远地带走了那个家庭的丈夫。这片森林没有其他单身雄猿，存活下来的妻子也丧失了歌唱的兴趣，只是偶尔可以听到它孤独的长啸。与形单影只的孤雌相比，"背头"和"阿珍"的猿生似乎圆满得多。

第一次拍到的长臂猿照片（我国第一张野生白眉长臂猿的清晰照片）
供图／李家鸿

添丁进口

2005 年 10 月，"阿珍"产下了家里第一只小长臂猿"丁丁"。这对长臂猿夫妇的繁殖能力属于正常范畴。2007 年，"丁丁"出生仅两年，研究人员还没能确认"丁丁"的性别，就再也找不到它了，大家至今无法确认小家伙消失的原因。

长臂猿生活在很高的树冠，抛开天敌与人类，自然环境中也有很多可以威胁到小长臂猿生命的因素。如果父母缺乏哺育后代的经验，对于成长期长达 8 ~ 10 年的幼年和少年长臂猿个体来说，生存难度很大。在枝头上玩耍是小长臂猿最喜爱的活动，也是在为以后能敏捷地穿梭在树冠中做准备。但因为其身体小且脆弱，所以一个不慎就可能会付出生命的代价。很多人类活动，虽然没有"剃头式"地砍伐森林，但是干扰了森林内植被的构成，导致林冠层不够连续，这给长臂猿的生活增添了许多潜在的风险。

2008 年，"背头"和"阿珍"的家庭迎来了第二个宝宝——"希希"。2011 年，3 岁的"希希"并不知道自己家附近已经没有其他长臂猿家庭了，若是到了谈恋爱的年龄，没有人工的干预，"希希"一生可能都无法组建自己的家庭。一个典型的天行长臂猿家庭一般由一对父母及 1 ~ 3 个孩子组成。

2011 年，3 岁的"希希" 供图／李家鸿

　　"背头"和"阿珍"的第三个孩子"米粒"于 2012 年 12 月降生。2014 年，在"米粒"健康成长的同时，"希希"的性别也逐渐明晰。在"希希"6 岁的时候，白色的眉毛浓郁了，这时候基本可以确认"希希"是雌性。雄性天行长臂猿的白眉毛即使在成年后也鲜有如此浓密的，阴毛在这个年纪也会逐渐显露出来。

2014 年，"希希" 6 个月
供图／李家鸿

两岁的"米粒"，它活泼又开朗
供图／董磊

　　2015 年，7 岁的"希希"胸前的毛发开始变色。雌性长臂猿出生后会经历两次毛色的变化，刚出生的小猿的乳白色毛发很快会蜕变成黑色，而雌性长臂猿在接近成年时毛色会再次蜕变，成年后就可以有一身和妈妈一样的棕灰色毛发了。亚成年的"希希"逐渐掌握了独自生活的能力。

　　2016 年，"希希"离开家庭独自生活了半年，亚成年的她已经具备了一定独自生活的能力。雌性长臂猿正式迁出家庭前有一个向母亲学习生育与抚育后代的过程，为以后自己繁殖积累宝贵的经验，所以雌性个体迁出原生家庭的年龄普遍比雄性早。

2015 年，7 岁的"希希"在树枝上行走　供图／李家鸿

　　2018 年 7 月，监测人员已经有一段时间没见到"希希"了。不幸的是，"希希"的遗体在死亡几天后被发现。

　　类人猿与人类亲缘关系极近，很容易感染与人类相同的疾病，经检测，研究人员发现"希希"体内存在流感病毒。虽然无法确定其死亡的直接原因，但保护与科研工作者已切实感受到游客活动可能会给长臂猿生活带来负面影响，于是园区开始控制自然公园每年的客流量。

亚成年的"希希"逐渐掌握了独自生活的能力
供图／董磊

寻偶之惑

再见已成永别，失去了"丁丁""希希"，又变回三口之家的长臂猿家庭依然坚强地生活在这个地方。小家伙"米粒"的性别依然没能确认。但无论雌雄，"米粒"成年后去哪里寻找猿生的另一半是困扰着所有保护与科研工作者的难题。

再见已成永别　供图／张英军

本文原创者

张文博

　云山保护项目前官员，"躺平"的自然保护工作者。

搜集缘分（猿粪），
听起来挺浪漫，
然而浪漫远不及艰辛。
为了更加了解保护对象，
专属铲屎官们，
翻过高山，
穿越密林，
与长臂猿朝夕相处，
寻找着获得猿粪的一次次缘分。

长臂猿的专属铲屎官

　　"老李，回家过春节了吗？"在搜寻长臂猿粪回家的路上，李如雪收到老朋友发来的一条信息，这条信息提醒了他。2019 年的春节临近，也让他想起了 2018 年的大年初一老师让他参加搜集猿粪工作的情景。"搜集缘分（猿粪）"，听起来还挺浪漫的，不知不觉，李如雪干这项工作也有一年了，但其中的浪漫远不及艰辛。这是最近两年野生动物保护和研究领域出现的一个新兴职业——野生动物铲屎官。

　　为什么专业人士要花费那么多精力漫山遍野地捡粪呢？对于野生动物保护者来说，只有了解保护对象，才能更科学合理地制订保护计划。简单地说，人们可以通过粪便知道长臂猿吃了什么，还可以从粪便中提取长臂猿的基因进行分子研究。较之于血液、毛发等研究材料，粪便"更加容易"获得，并且不会影响野生动物的正常生活。通过分析长臂猿种群的基因，人们可以了解它们的遗传多样性，从更长远的角度为保护方案提供科学支撑。

　　遗传多样性是生物多样性 ① 的重要组成部分。天行长臂猿在我国仅分布在云南省德宏州盈江县、保山市的隆阳和腾冲片区。由于栖息地破碎化，现有的天行长臂猿种群被分割为五大片区、十几个

――――――――――

① 生物多样性通常包含遗传多样性、物种多样性和生态系统多样性三部分。

啊？你们要我的屎？　供图／谭祥芳

小群体。如果不采取抢救性的保护措施，它们就面临着成为更小的群体甚至灭绝的威胁。所以生物遗传多样性的保护很重要！

　　对于种群数量不到 150 只、栖息地破碎化严重的天行长臂猿来说，人们更需要了解它们的遗传多样性，这也是李如雪答应做寻找猿粪工作的初衷。

猿粪难求

寻找猿粪真的是一项需要缘分的工作。

为了找到猿粪，李如雪和向导们使出了浑身解数。他们有时会一大早上山爬到 10 米高的树上躲起来等待长臂猿的出现；有时会在长臂猿可能出没的地方放置红外相机，当看到一只苍蝇趴在猿粪上的照片后，他们甚至尝试在山里静静地听哪里有苍蝇的声音；他们还会用手机放起长臂猿鸣叫的录音，希望以此招来真正的长臂猿。为了能在野外尽可能准确地找到长臂猿粪便，他们还请了搜粪犬来协助寻找猿粪。每当李如雪带着一只狗到不同的寨子，都会引起当地老乡的好奇。当村民听说这只狗是来找长臂猿的粪便时，都会开怀大笑。作为生活在长臂猿栖息地周边的人，村民很难理解为什么有人要寻找长臂猿的粪便……

如果找粪便过程中遇到下雨，
只能每人用一片芭蕉叶来挡雨
供图／李如雪

因为长臂猿生活在树冠层，所以它们经常在树的高处解决排便问题，这样猿粪"出炉"后要经过一个高空坠落的过程，坠落过程中可能还会经过各种树枝的鞭打而"粉身碎骨"，最后砸在地面的落叶上，然后一弹，这些人们心心念念的猿粪便藏到了缤纷的落叶下面变成了大地的一部分。

长臂猿碎了的粪便 / 堪称保护色　供图 / 李如雪

枯燥地寻找猿粪的过程
供图 / 李如雪

另外，长臂猿粪便不像大熊猫粪便那样容易识别，也不像猫科动物粪便那样常常堂而皇之地被排泄在道路中间，更不像大群候鸟粪便那样集中，所以找寻它们的难度真的很大。外部条件的困难先不提，仅是经过这么长时间的寻找无果就让李如雪的心理压力越来越大。

因猿粪而荣获"雪爷"称号

不过，生活总是会在你快要绝望的时候给你一点儿希望。

2018 年 11 月的一天早上，李如雪像往常一样抱着碰运气的心态上山，坐在山间的小路上。等待时，他用手机放起了长臂猿鸣叫的录音，谁知没一会儿就听到身后的树枝嘛里啪啦一阵响动。

李如雪连忙关了声音顺势躺下去，整个人隐蔽在草丛之中。两只长臂猿冲下来停在他头顶的树上四处寻找刚才鸣叫的同类。第一次这么近距离地观察未习惯化的长臂猿，李如雪按捺住心中的激动，屏住呼吸躺在草丛里祈祷着"拉屎，拉屎，赶快拉屎"。

两只长臂猿找了一会儿没发现目标，雄猿便带着雌猿往边上的草果地去了。李如雪缓缓地抬起头瞄了一眼，正好看到雌猿在草果地边上的一棵树上拉屎。那一刻他激动得眼泪都快流出来了，等到雌猿完成排便后，李如雪便站起来箭一般地冲了过去，生怕过去晚了就找不到那粪便了。

把粪便收集起来后，李如雪才发现自己的小腿、膝盖和手上多处有麻麻的微痛感，向上一看才发现自己刚才是从一片荨麻地里冲过来的。这次奋不顾身的抢"缘分"（猿粪）经历让他获得了"勇闯荨麻地的男子——雪爷"的光荣称号。那天李如雪走在收工下山的路上，100 多斤的大小伙子边走边傻笑。

关于长臂猿的"习惯化"

一些在高黎贡山自然公园看过长臂猿的人可能会问，自然公园的长臂猿不是很容易看到吗？你们怎么找那么多天都找不到？

这要提到"习惯化"的问题了。

自然公园的长臂猿是研究人员和护林员花了多年时间成功习惯化了的群体。长年的数据收集工作也使得护林员对长臂猿的活动线路比较熟悉，在带公众观猿的前一天他们就会去找长臂猿，并一直跟到它们过夜的地方，第二天又在它们起床之前赶到过夜处开始新一天的跟踪。想要观猿的人这时只需要打电话问长臂猿在哪儿就行。对于已经习惯化了的长臂猿，人们可以全天跟在它们身后，见到它们排便后去捡就行，而且绝对是"新鲜出炉"的。但李如雪需要的是没有被习惯化的长臂猿群体的粪便。

护林员蔡叔在长臂猿过夜的树下采集粪便   供图／李如雪

猿粪的处理

用于提取 DNA 的粪便越新鲜越好，所以在找到粪便后必须及时用 95% 的酒精浸泡，并尽快送到实验室冷冻保存。

在野外的复杂情况下，找到猿粪谈何容易，想要找到新鲜粪便更是只能靠缘分了，而且在原始森林里，要从各种动物的粪便中区分识别长臂猿的粪便也比较困难。

所以铲屎官的常规处理是，看起来跟猿粪比较像的粪便都会收集起来。因此，最后实验室里的粪便样品可能夹杂着一些其他动物的粪便，或是长臂猿的干燥粪便，这些样品都增加了提取长臂猿 DNA 的难度和工作量。

处理过后寄去实验室的粪便样品。标记的信息包括采集位点、时间、新鲜或干燥状态、个体的信息等。因为大部分粪便并不能确定粪便所有者（猿），所以个体信息很多是空白　供图／李如雪

顺利的开局

2019 年，李如雪继续寻找猿粪。

为了了解新的长臂猿群体和它们的栖息地，他来到了盈江县另一个乡"踩点"，这里正好是他两年前刚加入云山保护时踏足的第一个村寨。这次的主要工作就是要找到长臂猿在哪里，并了解栖息地的地势，以及山路陡不陡、长臂猿遇到人之后的反应，同时他还要评估是否适合带着搜粪犬工作。

李如雪在这个中缅边境线上的小村庄里爬了 10 天的山。

村子以一条河的名字命名，长臂猿两个较集中的群落分布在河的两岸。经过十多天的连续监测，他确认了在河的两岸共生活着 3 只独猿和 5 个家庭群，这是他目前所知道的天行长臂猿分布最密集的、最容易听到天行长臂猿隔河对唱的地方。

这是一片希望之地！

上山寻找长臂猿的第一天，李如雪和向导商量后决定找离家最近的那只独猿。往山上走了 1 小时左右，他们来到了向导目击过长臂猿的位置，并开始播放长臂猿鸣叫声的录音。但是没有任何动静，也没有听到长臂猿的回应，倒是吸引了一只不知谁家的"撵山狗"（村民养的猎狗）朝他们靠近。

清晨，河流和村庄都掩盖在浓浓的云雾之下　供图／李如雪

听着不断靠近的狗叫声，李如雪和向导向着边上的山沟移动，翻过两个山沟后，狗叫声离他们越来越近。突然，对面的树枝晃了一下，一只健壮的雄性独猿出现在李如雪和向导的视线中，他们急忙蹲下，不敢发出任何声音。这只长臂猿在周围巡视了一圈没发现任何异常后，就蹲在离他们不远的一棵树上。这时候，李如雪竟然看到它拉屎了！

留下了"新鲜出炉"的猿粪后，长臂猿便扬长而去。李如雪和向导连忙来到粪便落下的地方寻找，花了大概20分钟，他们终于在一棵芭蕉树的叶子上收集到了一份新鲜的粪便样品。第一天这么顺利地找到粪便，导致接下来毫无收获的很多天里李如雪都要安慰向导："像这样找不到的时候才是正常的，要佛系，要淡定。"看来，寻找猿粪真的需要很大的耐心。

李如雪相信生活会给人希望，也相信在某一天猿粪就会降临到自己的身边！

又一个新的希望

接下来几天，李如雪和向导陆续去了其他几群长臂猿活动的栖息地，直到他们来到了一座叫作"逃兵山"（傈僳族语音：买切瓦基）的地方。生活在这里的这群长臂猿也是李如雪两年前目击过的群体，当时他和另一个毫无经验的年轻人还曾被这个长臂猿家庭的爸爸用调虎离山的计谋溜了一圈。

两年之后再次来到这群长臂猿的栖息地，比起以前多了更多人为活动的痕迹：沿着溪水种植的草果地边上搭起了一个可以做饭睡觉的棚子，可供人短期居住；在长臂猿的主要活动区域内还挖了 1 米多宽的路，方便人们运输砍下的实竹……

到了这里之后，李如雪仍然通过播放长臂猿录音的方式顺利找到了这群长臂猿的所在地。可能是这里平时人为干扰较大，他们看到的 3 只长臂猿都不是特别怕人，虽然见到人也会离开，但不会像那些完全没见过人的群体那样一溜烟儿跑掉。李如雪判断，跟着这个群体能够找到粪便的概率更大，当场决定接下来几天的工作就以跟踪这个群体为主了。

　　第二天一早，他们再次来到这里，花了些时间找到长臂猿后便悄悄躲起来观察它们，心里依旧默默祈祷着它们能够排便。不经意地一瞥，李如雪发现母猿的胸前好像有东西。用望远镜仔细一

怀中抱着婴猿的雌性长臂猿　供图／李如雪

瞧，竟然是一只婴猿！

这群一共有 4 只长臂猿

个体！

　　那只婴猿的个头儿看起来比 1 月"德

宏州珍稀野生动物智慧在线观测"系统观测到的婴

猿还要小，所以可以肯定这只婴猿至少是在 2019 年出生的！作

为一名天行长臂猿保护工作者，看到这只婴猿简直比捡到 10 份粪便

还要高兴！因为对于数量不到 150 只的天行长臂猿来说，一个新个

体的诞生就使整个种群的繁衍多了一份希望。

获取"新希望"

虽然看到了新出生的长臂猿，但是抱着上山一切从简的想法，这一天李如雪他们并没有带照相机。第二天一早，他们出门前在村里就听到了河流两岸 4 只长臂猿群体的对唱，心情大好的他们抱着照相机又上山了。

群体内的黑色青年个体　供图／李如雪

　　毕竟这群长臂猿不是习惯化之后的群体，当发现李如雪和向导两个人在树下拿着奇怪的东西对着它们后，雌性长臂猿发出几声呼唤，两只黑色长臂猿便跟着她离开了。因为前两天李如雪和向导都没能跟上它们，而今天顺利拍到照片后的两人决定无论如何也要紧紧地跟上它们，争取捡到粪便。

　　李如雪和向导把身上用不到的装备找地方藏起来后，快速朝着长臂猿消失的方向追去。当他们跟到一片草果地边上时，长臂猿早已没有了踪影。正当他们快放弃的时候，草果地对面又传出两声叫声。他们跟着声音进入草果地里后，闻到了一股臭味。但他们没有停留，继续向声音传来的方向前行，直到一块崖壁阻止了他们继续前进的脚步。于是，他们只好原路返回。走到刚经过的草果地时，他们再次闻到了臭味，李如雪跟向导随口说了一句："附近可能有动物尸体。"

　　李如雪脑袋里想着概率最大的应该是麂子，而向导也随口说了句："不会是长臂猿的吧？"臭味越来越浓，向导突然说了句："还真是长臂猿！"这时，李如雪还认为他在开玩笑，直到他扒开一片草果叶，看到了他最不愿意看到的一幕：一具高度腐烂的长臂猿尸体趴在地上，这应该是那个群体的第 5 只个体。

离去的父亲

前两天发生的各种当时不能理解的长臂猿的行为再次浮现在李如雪眼前。

一般情况下，抱小猿的雌性都很小心，看到人最先发出警报的多是大公猿，母猿一般都是抱着孩子跟在最后面。但这一群猿，听到录音后最先冲下来的是母猿，两只黑色长臂猿跟在后面。

见到长臂猿群体时，是母猿带着一只婴猿，身后跟着两只黑色的个体。但两天的观察下来，无论是那生涩稚嫩的鸣叫，还是那毛茸茸的体表，都说明这两只黑色个体处于青年时期。李如雪当时就在想：这个群体的大公猿去哪儿了呢？难道是怕食物不够，暂时分开觅食？可婴猿还那么小，家庭的主雄怎么会在这个时候离开群体呢？

这时李如雪瞬间为前两天的所有疑问找到了答案，明白了为什么没见到这个家庭的大公猿，明白了为什么抱着婴猿的母猿在听到陌生长臂猿录音的时候会冲在最前面，明白了为什么这群长臂猿每次见到他们都会朝着同一个方向离开。

李如雪知道，在接下来的日子里，这只母猿要独自带大 3 个孩子。如果有其他长臂猿来抢占领地，也只能是她自己站出来，再也

天行长臂猿未成年个体和成年雄性均为黑色，但除了个体大小，
从外表也能看出两者有明显的区别　供图／李如雪

没有能够保护她的雄性了。刚刚出生的婴猿那么小就失去了父亲，不知道另外两只青年猿是否知道他们的父亲已经永远地离开了他们。

　　李如雪也陷入了深深的自责：在这 3 天里，为了找猿粪、为了拍照片，他竟然拿着长臂猿的鸣叫录音来引诱它们，而它们每天往尸体的方向跑，直到今天李如雪才一直跟了过来。他愿意相信，冥冥之中那只雌性长臂猿是想让他们发现尸体的！

　　处理好自己内心的情绪之后，李如雪和向导仔细观察了现场，记录下照片和位点信息，下山到有手机信号的地方向铜壁关保护区报告了这个沉重的消息。两天后，李如雪和同伴再次上山将这只长

臂猿的尸体抬了下来，保护区也及时将尸体运回单位进行处理，它将被制作成骨骼标本放置在铜壁关保护区的宣教中心，以便让更多的人认识长臂猿这个物种。

李如雪正在处理尸体
供图 / 早学进

希望在继续

2019 年 4 月 13 日，李如雪收到了向导发来的信息，这里可能发现了一只新长臂猿。虽然信息还需要进一步确认，但无疑是一个充满希望的消息。

他在心里祈祷：在中缅边境的那片希望之地上，每天依旧有长臂猿在隔岸对唱，这位父亲留下的新希望也会在这片森林里茁壮成长……

这只长臂猿离开了世界，但人们的保护工作仍在继续。以后对中国长臂猿及其栖息地的保护将会从三方面展开：

一是通过野外监测和科学研究了解长臂猿的生态行为学数据，掌握关键种群的动态变化，评估长臂猿种群数量的发展趋势。

二是开展空缺调查，寻找尚未被记录到的长臂猿分布信息及适合其生活的原始森林，用于补充云南的生物多样性本底信息。

三是将野外调查、监测和研究的成果对公众开展科普宣传，为政府部门提供制定保护政策的科学依据。

相信生活会给人希望，相信将来会有越来越多的人关注野生动物保护。而李如雪在新的一年里也要继续寻找猿粪，并相信在某一天猿粪一定会降临到他的身边！

本文原创者

李如雪

    云山保护野外项目前负责人，大学期间跟随老师到高黎贡山参与天行长臂猿研究工作，毕业后加入云山保护从事天行长臂猿保护工作。四年来专注于盈江县的长臂猿调查和保护，深入长臂猿栖息地周边村寨开展长臂猿种群及栖息地调查，向当地人宣传科学保护的理念。2021年8月离开云山继续在野保领域深造。

海南长臂猿调查队出发了！
在监测点里，
监听、拍摄、记录……
在红河谷野外的"家"里，
扯油布、搭帐篷、捡柴……
在保护工作中，
没有谁是英雄，
野外作业都是团队作战。
一线工作者们，
对长臂猿、对森林、对自然的深厚感情，
对自己坚定的信心，
支撑起了生态保护。

辨识海南长臂猿和天行长臂猿

缘起

2020 年 11 月，海南国家公园研究院联合各方做了一次关于海南长臂猿的调查。海南长臂猿是中国特有物种，仅在霸王岭地区有分布，虽然此次调查时已经恢复到 5 个族群约 33 只，但仍处于极度濒危状态，被我国列为国家一级保护物种，被世界自然保护联盟（IUCN）濒危物种红色名录列为"全球最濒危灵长类动物"[①]。

这次调查的主要目的：全面系统地了解海南长臂猿种群及其栖息地的基本情况，以便制订更加科学、有效的海南长臂猿保护研究方案；加强对海南长臂猿种群及其栖息地的监测，以人工监测为主实施各类监测技术综合体系的预演示和开发；通过此次调查培养和锻炼一支稳定的野外海南长臂猿监测队伍。

云山保护的工作人员也参与了这次调查工作，参加此次任务的祝常悦平日工作地点是滇西的高黎贡山和中缅边境天行长臂猿分布的地区，主要从事种群动态监测、栖息地质量调查和与当地生态多样性有关的工作。这是她第一次来霸王岭，也是第一次在我国热带地区参与野外工作。与滇西北亚热带，甚至接近温带的常绿阔叶林相比，热带季雨林的林冠层更密，上、中、下饱满、完整，棕榈科

---

① 编者注：截至 2022 年 4 月，恢复到 5 个族群 36 只。

植被丰富，这使得森林里到处都是带刺儿的"陷阱"，一不小心就被划得满手血道子。在海拔较低的沟谷里，粗大的板根互相盘结，蔚为壮观。祝常悦很想通过这次对海南长臂猿的调查，看看海南的长臂猿和天行长臂猿到底有什么不同。

和一棵高大的乔木合影　供图／钟旭凯

实录

在这次任务中，祝常悦被分配在红河谷驻点，参与每天早上的监听和下午的长臂猿食源植物样线调查。

日出前，祝常悦和其他队员一起抵达监听点，监听点通常是附近地势较高、林窗较大、视野较开阔的地方。长臂猿的鸣声通常能传播 1 ～ 1.5 千米，因此调查人员的监听点能较全面地覆盖目标群体的家域范围。监听过程中，她负责为每个鸣唱回合做时间和方位记录，如有幸目击，还要做 GPS 位点记录，用长焦照相机拍摄影像素材。

榕属标本，隐去了 GPS 信息
供图／祝常悦

午后，调查人员会再次出工，从驻点前往不同方向，在长臂猿的家域内走样线，记录沿路所见的食源植物。通常胸径大于 10 厘米的乔木才会被长臂猿利用，故调查人员会记录这些乔木的树种及每种的丰度，如果看到掉落在地面的果实也会将其作为标本采样记录。

　　每天获得的数据由祝常悦和本组的联络员钟旭凯在傍晚整理，之后到有信号的地方汇报给研究院负责数据处理的老师。有时候风雨交加，他们只能哆哆嗦嗦地蹲在石头上打着伞填表格、发数据。

　　调查人员在红河谷野外的"家"是所有监测队员一起动手建起来的。除了工作，大家还要扯油布、搭帐篷、捡柴、生活、储存物资（特别是肉类）。"3 天的大风大雨都没能毁掉我们的驻点，因为大家（尤其是霸王岭和黎母山的护林员，谢叔、辉叔、通哥、贺哥、准哥、章理大哥）都有超强的野外生存能力和工作经验，彼此分工得当，充满乐观精神，总是迎难而上，毫不畏惧。"

海南辣椒酱，好吃！
供图／祝常悦

调查人员野外的"家" 供图／祝常悦

天然浴室　供图／祝常悦

红河谷是条四季都不会干涸的溪流，我们闲暇时也会去平缓处洗澡。虽然没有热水，但如此美妙的天然浴室不是在哪儿都可以寻到的！

在调查的 5 个完整的工作日里，调查人员每日都能监听到 A 群的鸣叫，甚至有一天出现了 5 个鸣唱回合，这对于定位它们最近的活动区域十分有帮助。虽然有几天风雨交加，但正是在雨量最大的 3 天里，参加调查的全组人都有幸目击了 A 群的部分个体。通过目击和鸣叫的信息判断，A 群至少有 5 只个体，其中还听到了一只幼猿焦急呼唤母亲的稚嫩叫声，由此推测群内可能有 1 只刚刚脱离母亲独立活动的幼崽。

这次参与调查的工作人员中有许多优秀的一线工作者，霸王岭保护区的谢赠南、邹正辉、刘章理、陈国通都是经验丰富的野外调查员，黎母山保护区的王家贺和王成准也都勤奋刻苦，善于学习。在保护工作中没有谁是英雄，野外作业一般都是团队作战，也正是这个拥有钢铁精神的团队支撑起了海南的生态保护。从他们在工作中的一举一动就能看出他们对长臂猿、对森林、对自然的深厚感情和对自己坚定的信心。拥有这种意志的队伍永远不会输。

围"炉"夜话 供图／祝常悦

野外监测虽有其特殊性，但也是一份需要有人去做的工作。尤其是和资深的监测队员、护林员接触得多了，你会发现每个人都是一座宝库，他们多年积累的知识和经验需要被记录、传承，被作为人类和自然互动的一部分代代相传。

辨识

祝常悦通过这次调查活动发现，天行长臂猿虽然和海南长臂猿同属长臂猿科，但与冠长臂猿属的海南长臂猿还是有所不同的。天行长臂猿是白眉长臂猿属的一员，曾被认为是东白眉长臂猿的一个亚种。2017 年由中国科学家范朋飞博士重新命名了这一类人猿新种。

从家庭结构上来说，至今的调查研究显示，天行长臂猿是严格的一夫一妻制，而海南长臂猿家庭群中会出现一夫二妻的组合，家庭更庞大，成员的平均数量也多于天行长臂猿。

天行长臂猿　供图／范朋飞

　　从外貌上来看，天行长臂猿的成年雄性个体是黑色的，雌性是棕黄色的，雌雄面部均有两道明显的白眉毛，如白眉道长一般仙气飘飘。海南长臂猿的成年雄性通体黑色，雌性黄色，在林木间飞速移动时宛如一道华美的光弧。但是这两种长臂猿在婴猿期毛色都较淡，离开母亲独立活动后其毛色慢慢变黑，未成熟之前的雌性都是像父亲一样的黑色，直到接近性成熟，雌性才开始变色。

海南长臂猿　供图／赵超

　　天行长臂猿的鸣叫和海南长臂猿的鸣叫也各具特色。天行长臂猿的雌雄鸣叫重合度极高，激动鸣叫时几乎完全同步，无法辨别雌雄。

延伸阅读 EXTENDED READING

2021 年 9 月 5 日在法国马赛举办的世界保护大会（WCC）上，海南省新闻办公室与世界自然保护联盟（IUCN）在线联合发布《海南长臂猿保护案例》，介绍了中国在海南长臂猿保护方面采取的有力有效措施，分享了海南长臂猿保护的中国经验和中国智慧。该《案例》的发布，让国际社会看到了极度濒危物种恢复的希望，同时体现了海南长臂猿保护经验在国际上具有可推广的意义。

海南长臂猿的每个鸣唱回合通常都是成年雄性先起头，其他家庭成员在中途加入合唱，一个鸣唱回合可能会出现数次"合唱"。海南长臂猿雄性的鸣声悠长而嘹亮，雌性的则简短而清脆，宛如一曲和声。和大多数冠长臂猿属的动物一样，海南长臂猿常常在破晓时开始当天的第一次鸣唱，歌声伴随着日出响彻林海。天行长臂猿的鸣叫也集中在清晨，正午前概率最大，但午后也不乏鸣叫的例子。

谈到海南长臂猿的"吃"，因为祝常悦未参加过海南长臂猿的研究，所以不能妄下结论。但经过这几天的样线调查，这个季节霸王岭长臂猿家域内消耗果实的数量直观感觉多于云南大多数长臂猿栖息地的果实数量。雨旱交接的时节，天行长臂猿的取食内容已经加入大量的叶片。同时，海南长臂猿食谱中果实的比例更高，由于气候和海拔（天行长臂猿的活动范围普遍在1500~2400米的区段）的因素，果实丰度的季节性变化较云南小。

野外或者说自然，是这个星球演化至今的样貌，人类只是其中一粒渺小的沙土，人们对这个世界的探索永无止境。在野外的每一天都是新鲜的，都在汲取全新的信息，永远不会枯燥。

本文原创者

祝常悦

云山保护板厂科研基地前执行站长，2021年年初离开云山保护，在高校科研团队继续以研究的方式专注于长臂猿的保护。

一大早，
追猿小分队的队员们，
便向着目的地进发了。
仔细搜寻长臂猿的踪迹，
耐心等待长臂猿起床、取食，
用心倾听长臂猿鸣唱，
小心翼翼地取得猿粪，
意外地感受人猿对视，
一路追踪长臂猿至夜幕。
6 年多来，
这即是科研人员的日常。

A DAY IN THE MOUNTAINS FOR GIBBONS **06**

山里，长臂猿的一天

晨曦中高黎贡山的长臂猿研究基地　供图／欧阳凯

　　2018年3月的一天，云山保护团队新老成员一行6人——不，应该是5人1狗，跟随长臂猿研究人员费汉榄到高黎贡山进行了为期3天的天行长臂猿野外行为生态研究。进山第一天安顿好大家的起居，第二天费了一番力气找到了长臂猿可能出没的位置，第三天一早，队员们正式开始了一整天的监测体验。下面分享第三天完整监测体验的点滴。

整装待发

06:00 队员们起床

此时山中寒气还很重，队员们挣扎着起了床，长臂猿监测向导蔡叔早就在火塘边做早饭了。蔡叔有着远近闻名的厨艺，村里红白喜事总会找他去掌勺，因此在山里，除了找猿，蔡叔还负责给大家做饭。

在山里吃早饭是名副其实地"吃饭"，只有吃像样的饭菜，才有力气在山里追一天的长臂猿。吃过早饭，队员们还要用保温桶装上满满 3 桶饭菜作为午饭带进山。

06:30 追猿小分队出发

追猿小分队的目的地是队员们昨天跟踪到的长臂猿的过夜树。大家可能会问：研究人员每天从早到晚辛苦地跟踪长臂猿有必要吗？答案是太有必要了！因为如果前一天没有一直跟踪长臂猿到它们睡觉的地方，那么第二天早上队员们就会毫无目的，不知道去哪儿才能找到它们。

因为昨天队员们冒雨跟着长臂猿到它们休息的过夜树，并确定它们不会再挪窝后才离开，所以早上才能顺利地在漆黑的森林中不到半小时就到了长臂猿的过夜树下，并等待它们起床。

到达长臂猿的过夜树下，举灯准备开始一天的长臂猿行为记录 供图/欧阳凯

搜寻猿粪

07:40 长臂猿起床

长臂猿和人一样也要早起排便。这也是研究人员需要早起在过夜树下等候的重要原因——收集猿粪，这是研究人员求之不得的实验样品。

蔡叔一看到长臂猿排便，麻利地背上工具箱顺着陡坡冲到过夜树下，遗憾的是尽管他仔细地搜寻了十来分钟，结果也无功而返。长臂猿排便容易，可人捡到粪便就难了。因为它们睡在 20 多米高的树冠层，粪便下落过程中很可能被树枝、树叶半路拦截，根本落不到地面；即使落到地面，要在树下的各种落叶腐殖质中靠肉眼找到猿粪也是非常考验眼力的一件事。

因此，"叮当"的重要性就凸显出来了！"叮当"是一条血统纯正的拉布拉多犬，已经在警犬基地接受了 1 年多的专业训练，它可以用超灵敏的嗅觉帮我们更准确地确定长臂猿粪便的位置，极大地提高了找到猿粪的概率。

"叮当"和队员们在执行任务
供图／欧阳凯

长臂猿起床后休息　供图／欧阳凯

10:10　长臂猿的取食"规划"

密林里 10 点多才能被太阳照到，长臂猿起床后一直坐着不吃东西，看起来像还在睡回笼觉一样。过了一会儿，长臂猿终于移动到了离过夜树不远的一棵还没长叶子的树上。

费老师连望远镜都不用举，说道："快看，吃西南桦的花了，这是它们 3 月最喜欢吃的食物。"队长阎璐举起望远镜看到西南桦树上挂满了一串串黄绿色的花。"那是不是长臂猿今天吃这一棵树就够了，都不用挪地儿了？"她问。

费老师答道："不是的，长臂猿对食物的利用是很有规划的，有些树的芽、花、叶、果都可以被长臂猿取食，但它取食一棵树的芽后就不会取食那棵树的叶了，而在另一棵树上则只吃果不吃花。"

从观察者的角度看，似乎长臂猿对食物的选择有偏好，实际上体现了长臂猿对食物资源利用有整体和长远的规划，懂得可持续地利用资源。从这一点看，人类可持续利用资源的意识真要向长臂猿学习。正因如此，长臂猿对于维持一个健康的森林生态系统起着非常积极的作用。

11:30 取到猿粪

果然如费老师所说，这两只长臂猿没有再从这棵西南桦上移动，它们俩吃一会儿晒一会儿太阳，再充满爱意地相互理理毛，在这棵西南桦上待了差不多一个半小时，队员们趁机坐在树下吃了一顿午餐。费老师调侃道："珍惜这难得的坐着吃饭看长臂猿的机会吧，再过一个多月，我们就得拎着饭盒跟在长臂猿后面跑着吃了。"

饱餐了一顿西南桦的花后，雌性长臂猿移动到旁边的树上飞速拉了3坨粪便。这次队员们都看得真切，于是队长阎璐和蔡叔飞奔去捡粪。在树下搜索了几分钟，蔡叔凭借经验在一棵岩石上方的小灌木枝上找到了新鲜的猿粪，他麻利地从工具盒中掏出手套、口罩，先把自己武装好，再拿出一支干燥的试管和一个小勺，小心翼翼地从灌木枝上挑起中间部分的粪便装到试管里，采集到一定量后，把酒精倒入试管，再把用胶带封好口的试管依次装入两层自封口塑料袋。

看着蔡叔严谨认真的取粪过程，大家才深刻体会到这是多么宝贵的一个猿粪样品！收好样品后，蔡叔把手套和口罩都摘下来装进一只袋子。有队员顺势问道："今天还可以用这副手套和这只口罩取样吗？"蔡叔回答："不行，手套和口罩都只能一次性使用。"

这是为什么呢，你知道吗？

观察长臂猿

12:15 长臂猿的叫声

大家正疑惑为什么都 12 点多了长臂猿还没有鸣叫，蔡叔小声提醒道："你们听到了吗？长臂猿准备叫了。"队员们竖起耳朵仔细听，果然听到了雌性发出"咯呃咯呃……"的低沉声音，仿佛在催促老伴儿今天要赶快鸣叫了。

在几次这样的催促下，雄性长臂猿开始高声起调"噢哦噢哦"，接下来两猿一阵"呜哇、噢噢、啊哦"，各种频率和声调的片段交织，已经听不出雌雄。到最后，随着雌性发出一声高亢激动的鸣叫，两猿今天的鸣叫任务就算完成了。

这样一段完整的二重唱很难用人类的语言描述，当时长臂猿就在距离队员们不到 20 米的树上鸣叫，明明只是两只长臂猿在叫，但队员们感觉仿佛置身在一个立体声环绕的电影院看大片，音效震撼。这场"音效大片"持续了 30 多分钟才结束。

呜哇、噢噢、啊哦　供图／欧阳凯

12:55　人猿对视

鸣叫结束后，估计是体力消耗不小，两只长臂猿移动到一棵树上，然后坐着温馨地相互理毛，时不时从触手可及的地方扯一片厚叶酸藤子的叶子吃。猿看着我们，队员们举着望远镜看着猿。可能它们也觉得在这偌大的森林里很少有机会遇到同类，每天有这么几个人傻傻地从它们起床跟到睡觉，也给它们增添了些乐趣吧！

为什么要给长臂猿的食物树编号？

给长臂猿的食物树编号，是因为长臂猿严格地在树冠层生活，以植物的果实、花、嫩芽和叶为主要食物。研究人员通过记录长臂猿取食的植物种类和部位评估它们活动范围内这些食物的丰富程度，从而能够大致了解这片森林是否能满足它们的生存需要，是否有潜力容纳更多的长臂猿家庭。更重要的是，这张绘制出来的食物地图能够帮助研究人员了解长臂猿如何规划取食线路和季节，了解长臂猿的认知能力到底有多强。

长臂猿的食物森林　供图／欧阳凯

长臂猿　手绘／张文博

14:20　长臂猿的食物树

长臂猿移动到一棵树干呈红色、树皮像纸一样薄的树上。队长阎璐问费老师长臂猿在吃这棵树的什么部分，费老师说是在吃马银花树的花。今天队员们观察到的长臂猿的食物以植物的花为主，看来3月真是吃花的季节，队员们（尤其是云南人）也会在春天以不同的手法烹饪各种能够食用的花。由此可见，长臂猿与人类的饮食喜好有很多相似之处。

今天看到的这棵马银花树是这一群长臂猿的新食物树，另一位监测向导彭叔从包里拿出一个编号为1209的铁皮，用一颗钉子轻敲进树干，这是科研人员观测这群长臂猿以来，记录的它们取食的第1209棵食物树。

15:07　寻找过夜树

这时，长臂猿突然快速地移动，它们路过好几棵食物树都没有停下来取食——这说明它们要确定过夜树了。

就在它们快速移动的过程中，队员们观察到一种难得一见的行为。雄性在前，雌性在后，它们移动路线上出现了一片没有什么大树但还比较高的竹林，只见长臂猿轻轻地从高树上跳到一根弯向自己的竹子，在竹竿上"爬"了一小段再跃到另一棵大树上。因为竹竿太细，它们无法像在粗树干上那样直立行走，而是弯下身子，手脚并用才顺利越过了这个障碍。

树不给力，体操健将只能爬着走　供图／费汉榄

16:15　长臂猿的过夜树

长臂猿来到一棵高大、树干笔直、分叉很高的树上，费老师说这是第 13 号过夜树，也是这群长臂猿非常喜欢的一棵过夜树。此前它们在上一棵树上吃食的时候，费老师和蔡叔就判断说："今天就是去那棵老过夜树啦。"结果与他们的判断完全一致，可见他们对这群长臂猿的了解之深。

长臂猿进入过夜树后，各自找了一个合适的位置半靠半坐着，双臂缩到身体里，头深深地埋进臂弯，看起来很可怜的样子。队员们也在树下静静地坐着，聊着蔡叔家今年种的咖啡收入好不好、怎样保护农作物的老品种不在商业规模化种植的冲击下消亡、这家长臂猿还有没有可能再生育一只小长臂猿，等等。

收工

17:00　收工啦!

　　随着费老师一声吆喝：收工啦！队员们也正式结束了一整天的长臂猿野外监测研究工作。这一整天，费老师的小本上一共记录了22页280多条长臂猿的行为和取食信息。而这只是科研人员研究这群长臂猿的6年多来，每年12个月、每个月20天中普通的一天。

长臂猿的行为和取食信息记录　供图／云山保护

长臂猿的保护离不开科研监测的支持，人们应该对科研人员和监测向导的长期坚守和付出深深致敬！

从左至右依次是：监测向导彭叔、费汉榄老师和蔡叔　供图／欧阳凯

延伸阅读
EXTENDED READING

中国长臂猿保护现状

长臂猿是一类分布于东南亚地区的小型猿类，与黑猩猩、猩猩和大猩猩同属于类人猿。全世界共有4属20种长臂猿，我国分布有3属6种。分别为：天行长臂猿、西黑冠长臂猿、东黑冠长臂猿、海南长臂猿、北白颊长臂猿、白掌长臂猿。为什么叫类人猿呢？细数下来，长臂猿跟我们人类真有不少共同点。和我们一样，它们也没有尾巴，能在树上和地面直立行走，喜爱唱歌。在所有的类人猿当中，长臂猿的婚配制度和人类最相似，通常情况下，长臂猿生活在一夫一妻的家庭中，每胎生育一个宝宝。少数种类的长臂猿家庭群会存在一夫二妻的现象。

长臂猿曾经广泛分布在我国南方地区，由于它们是果食性动物，受到破坏后的次生林往往无法满足长臂猿对食物的需要，因此长臂猿通常只能生存于保存完好、植物多样性丰富的原始森林中。但是随着人类活动的影响和气候变化，原始森林受到非常严重的破坏，我国现存的6种长臂猿仅生活在云南、广西和海南的少数原始森林，总数不超过1500只，其中4种被IUCN红色名录列为极度濒危物种。

本文原创者

阎璐

　　获得英国伦敦大学学院（University College London）生态保护硕士学位。

　　2003—2012 年任职于有百年历史的野生动植物保护国际中国项目部，担任灵长类保护项目负责人。8 年多来，策划和管理灵长类保护项目 20 多个，涉及 10 种受威胁的灵长类动物。

　　2007 年 9 月，带队在中越边境的广西靖西县进行野外调查时重新发现了极度濒危的东黑冠长臂猿，随后积极推动在这个物种的栖息地设立保护区，促成中国和越南双方政府和保护区的对话与合作，为这一物种制订了跨国保护行动计划。

　　2015 年与几个志同道合的朋友一起创立了云山保护，作为机构的执行主任继续推动以长臂猿为旗舰物种的西南原始森林生态系统保护。机构成立以来项目执行和资金筹措能力逐年提升，通过与科研团队和当地保护主管部门的紧密合作，向着长臂猿及其栖息地有效保护的目标稳步前行。

可爱的金丝猴，
性格温和，
动作优雅，
聪明灵动，
是人见人爱的小精灵。
川金丝猴，
滇金丝猴，
黔金丝猴，
怒江金丝猴，
越南金丝猴，
组成了金丝猴大家族。

GOLDEN MONKEY FAMILY **07**

金丝猴大家族

攀爬竞技　摄影／薛康

可爱的金丝猴

　　100万年于地球而言不过是弹指一挥间，然而在不断变化的气候环境中，有成千上万的物种灭绝消失，生物界无数次上演着"物竞天择，适者生存"的自然法则。那些被淘汰的物种有的成为化石，消失在过往的历史中，而留存下来的，诸如金丝猴，带着"天择之子"的使命感将生命不断延续。

　　金丝猴最显著的特征是"仰鼻"，鼻孔大且向上翘，其拉丁属名便为"仰鼻猴"。金丝猴体背毛发较长，四肢粗短，屁股上还有一条长长的尾巴。金丝猴的性格温和、动作优雅、聪明灵动，是人见人爱的小精灵。它时而腾空雀跃，时而神速攀登，时而安安静静在枝头小憩，时而三五成群凑在一起"促膝谈心"。

追溯历史不难发现，人类对金丝猴的认知由来已久。"深林杳以冥冥兮，猿狖之所居。"这是两千多年前，屈原在《楚辞·九章·涉江》中寥寥数笔描写的当时金丝猴的生存环境。

倾听春之声　摄影／薛康

金丝猴是典型的树栖灵长类动物，偶尔下树到溪边喝水。金丝猴的天敌主要有豺、狼、云豹、金猫等。雕、鹰、秃鹫也会对金丝猴的幼猴造成威胁。虽然天敌不少，但金丝猴机警灵活、行动敏捷，在一定程度上能够躲避天敌侵袭。因为它们过着群居生活，所以一旦有危险，猴群能互相呼应帮助。

此外，随着季节变化，猴群在栖息地不断迁移，也遇到许多和谐相处的近邻。金丝猴的近邻主要有大熊猫、毛冠鹿、黑熊、野猪等，它们与金丝猴生活在同一环境中，各自采取特有的生活方式生存，以不同的作息制度和觅食方式合理地利用同一处自然资源。

金丝猴与人类同属灵长类动物。从进化历史来看，金丝猴虽然比人类出现得晚，但无论是身体结构、活动行为，还是思维智慧、社会关系，金丝猴与人类都有着千丝万缕的奇妙联系。

金丝猴是森林中的漫步者。清晨，当第一缕阳光洒落森林，人们便能听到金丝猴此起彼伏的叫声——它们有自己的语言。

"噫"是金丝猴的重要语言，通常用来表示友好。当金丝猴聚集在一起时，它们会"噫噫"地互相打招呼。当食物充足时，它们也会毫不吝啬地发出"噫"声，呼唤同伴一同分享。迁徙时则用得更多，以互相确定方位，与家庭成员保持联系。

金丝猴也有警示性语言。如中国湖北神农架（以下简称"神农架"）的金丝猴会发出"呜嘎！呜嘎！呜嘎！"的声音表示警告

兄弟俩　摄影／薛康

或报警。小猴子常常会发出"呜呜"声以寻求森林中其他伙伴的回应。"哇哇"声多是成年金丝猴招呼幼崽的语言，当调皮的小猴子跑出成年金丝猴的视野时，它们就会发出"哇哇"声表示警告："可不要跑远了，否则会有危险。"

高海拔原始森林是金丝猴常年生活的地方，也是它们获取生活必需品之处。作为特殊的旧大陆猴，金丝猴有一个非常显著的特征——以植物性食物为食。一般来说，金丝猴主要以花、果实、嫩叶、嫩芽及种子为主要食物。当季节变化，花、嫩叶等食物缺乏时，金丝猴还会取食树皮、松萝，甚至禾本科的草。这些食物不难获取，因此猴群之间很少为抢夺食物打架，而有更多的时间嬉戏玩耍，交流感情。

金丝猴的胃部结构非常独特，食物经过简单咀嚼进入胃部后，在胃前部菌群等的帮助下发酵，使食物中的植物纤维逐步分解、消化，进入肠部，最后被吸收。整体而言，金丝猴消化食物过程较长，胃前部发酵阶段极容易引起打嗝儿。正因如此，我们常会看见萌态可掬的金丝猴打嗝儿。

金丝猴也有敌人，也需要时刻保持高度警惕的状态。它们的敌人主要是像苍鹰这样的猛禽。猛禽既吃小动物，也吃大动物，所以时常窥视着金丝猴。猛禽目光敏锐，常站在高大的树上搜寻落单的金丝猴幼崽，一旦发现便一个俯冲，以迅雷不及掩耳之势将其叼走。

当然，相较于敌人，性情温和的金丝猴在森林中有更多的朋友。金丝猴是群居动物，几乎每只金丝猴都隶属于一个"大家庭"。除了"家庭成员"，金丝猴还有许多其他伙伴，如各种各样的鸟类、小熊猫、大熊猫和雪豹等。这些跳动的精灵为森林增添了无限活力。

别怕，有我在　摄影／薛康

神农架自然保护区　摄影／薛康

　　一般认为金丝猴的祖先生活在横断山区，经过沧海桑田的变迁，它们向各个方向适应辐射，从而形成了现在我们见到的各个类群。例如，一些类群向南迁移，成了越南金丝猴（东京仰鼻猴）；一些类群经中国西南向华中、华南和西北地区扩散，成了川金丝猴和黔金丝猴。目前世界上一共有 5 种金丝猴：川金丝猴、滇金丝猴、黔金丝猴、怒江金丝猴、越南金丝猴。前 3 种金丝猴为中国独有，怒江金丝猴的适宜栖息地中有 2/3 在缅甸，其种群数量在缅甸和中国的比例约为 1:2，就世界范围而言，其属于稀有的动物之一。

川金丝猴

1869 年，法国博物学家、传教士阿尔芒·戴维在四川宝兴盐井乡邓池沟发现了川金丝猴（学名 *Rhinopithecus roxellana*）。这是世界上最早被人类发现的仰鼻猴属动物。

川金丝猴为树栖动物，原本生活在亚热带地区的低山森林地带，后来慢慢转向中高山的针阔混交林、针叶林地带，这是川金丝猴的迁移轨迹。它们生活在人类活动很少的地方，过着群居生活。

思想者 摄影／薛康

它们的天敌主要有豺、狼、云豹、金猫等，雕、鹰、秃鹫也会对幼猴造成威胁。虽然它们的天敌不少，但因其树栖生活且机警灵活、行动敏捷，在一定程度上能够躲避天敌侵袭。

川金丝猴的外貌非常引人注目。尤其它那张靛蓝色的脸庞，散发着别样的魅力，因而有"蓝脸精灵"的称号。它身上的金色毛发也同样引人注意。因此，川金丝猴堪称金丝猴中的颜值担当。

蓝脸精灵　摄影／薛康

川金丝猴是中国的特有物种，但它在中国呈点状不连续分布，主要分布在中国四川、陕西、甘肃和湖北境内的山林中，总数约为2.5 万只。目前四川是川金丝猴猴群数量最多的地区，它们广泛分布在川西海拔 2000 ～ 3500 米的崇山峻岭中。

川金丝猴的分布有形成地理隔离种群的态势。

滇金丝猴

滇金丝猴（学名 *Rhinopithecus bieti*）又称黑白仰鼻猴、雪猴和大青猴，是中国特有的物种。作为生存地海拔最高的灵长类动物，它们仅栖息在澜沧江和金沙江之间海拔 2500 ～ 4500 米的高山暗针叶林和针阔混交林地带。

滇金丝猴与川金丝猴的外貌有很大区别，它们有着与人类更为接近的容貌，比较突出的是它们那妩媚的"烈焰红唇"。除此之外，一身黑白相间的皮毛、又大又圆的眼睛及头顶上朝天竖起一小撮的"朋克发型"也使它们显得与众不同。

有关滇金丝猴的最早发现需要我们逆时光之河，回到 19 世纪 90 年代。1894 年，一支来自法国的亚洲探险队从四川进入云南德钦，得到了 7 只滇金丝猴，并将其制成了标本寄往巴黎自然历史博物馆。

1897 年，博物馆里曾经为川金丝猴命名的动物学家亨利·米勒－爱德华兹（Henri Milne-Edwards）根据收到的标本首次对这一新物种进行了科学描述，并将其正式命名为 *Rhinopithecus bieti*。此后，这一神秘动物仿佛消失在深山中，再也不见踪影。人们甚至一度怀疑它们已经灭绝了。

　　直到 1962 年，在滇金丝猴被科学家发现几十年后，中国科学院昆明动物研究所的动物学家彭鸿绶偶然间在云南德钦见到了 8 张滇金丝猴的皮毛，才证实了这一物种仍存于世。1979 年，就职于中国科学院昆明动物研究所的李致祥和马世来发现，在云南德钦一带生活着一群滇金丝猴。他的发现标志着中国动物学家第一次在野外发现了滇金丝猴活体。

妩媚　摄影／薛康

1983 年，中国第一个滇金丝猴保护区——云南白马雪山国家级自然保护区建立。然而人们对于这种珍稀、濒危保护动物的生活习性、生存环境等一无所知。凭着一颗对"雪山精灵"炽热的心，"滇金丝猴之父"龙勇诚和他的团队于 1987 ~ 1994 年，经过 8 年艰苦卓绝的野外追踪调查，终于将分布在云南和西藏地区的近 20 个种群约 1500 只滇金丝猴找了出来，并将研究成果写成学术论文发表。

香格里拉滇金丝猴国家公园　摄影／薛康

黔金丝猴

在我国特有的 3 种金丝猴中，黔金丝猴（学名 *Rhinopithecus brelichi*）是数量最少、分布范围最狭窄的一种金丝猴，又名白肩仰鼻猴、灰仰鼻猴。

瞅啥呢？ 摄影 / 薛康

黔金丝猴仅在我国贵州的梵净山国家级自然保护区有少量分布，是我国 I 级重点保护野生动物，极为珍稀，其现存数量比野生大熊猫还要少。这种金丝猴也是世界上最濒危的灵长类动物之一，有着"世界独生子"的称号。

黔金丝猴的体型与川金丝猴相似，属中等体型的猴类。它们的尾巴很长，有 84 ～ 91 厘米，其长度甚至超过了 67 ～ 69 厘米的身体。黔金丝猴拥有浅蓝色或灰白色的脸，但颜色不如川金丝猴那样艳丽。它们的前额长着金黄色的毛发，鼻翼呈灰蓝色，嘴唇窄而光滑，呈肉粉色。成年黔金丝猴全身毛色呈黑褐色，头顶、背部、体侧、四肢外侧到尾部的毛色更深一些，肩部、胸部和腹部的毛色较浅，肩窝处有一块明显的白斑，"白肩仰鼻猴"的别称就因此而来。

黔金丝猴多栖息在梵净山海拔 1000 ～ 2000 米的常绿、落叶阔叶林中，它们不像滇金丝猴那样耐寒，所以在寒冷的冬春季节，它们会向海拔较低的河谷地带迁移。这些地方多为常绿阔叶林、常绿阔叶与落叶阔叶混交林及落叶阔叶林等，气候更适宜它们繁衍生息。黔金丝猴行踪隐秘，生性胆小，极为机警，一听到异动就会逃走。

1903 年，英国猎人亨瑞·布列里奇（Henry Brelich）来到贵州铜仁地区，一次偶然的机会，他在一个毛皮商人那里见到了一张奇异的毛皮。经过一番研究，布列里奇判断这或许是科学界此前从未发现过的新物种。

他将这张毛皮标本和自己的初步研究一起寄往伦敦自然历史博物馆。博物馆的托马斯（Thomas）教授和其他动物学家一起对这一标本进行了判断，普遍认为布列里奇发现的这种动物是与此前发现的川金丝猴和滇金丝猴不同的仰鼻猴新种。于是这种奇特的动物有了自己的学名——*Rhinopithecus brelichi*。

近代以来，黔金丝猴只分布在梵净山。时间无声流逝，在云雾缭绕的梵净山，在密不见光的树林间，这群可爱的大山之子静静地等待人们揭开笼罩在它们身上的神秘面纱。20 世纪 80 年代，为了更好地保护黔金丝猴，我国的科研工作者开始对它们栖息的梵净山进行系统的野外专题考察。到 2004 年，经过十多年的考察研究，人们终于将生活在梵净山的黔金丝猴种群数量锁定在 750 只左右，这为后续开展保护工作奠定了基础。值得一提的是，2018 年 7 月 2日，梵净山被列入世界自然遗产名录。

怒江金丝猴

怒江金丝猴（学名 *Rhinopithecus strykeri*）的存在使得云南怒江傈僳族自治州（简称"怒江州"）成为中国唯一拥有两种金丝猴（滇金丝猴和怒江金丝猴）的地区。

怒江金丝猴因其全身长满黑毛，所以绰号为"黑衣大侠"。它们只有耳朵和脸颊上有少量白毛，在集体午休时，就像挂在树上的一个个黑色布袋。幼年的怒江金丝猴很可爱，而成年后，沧桑岁月则会在它们的脸上刻下太多印迹。

经过科研人员多年来的不懈努力，怒江金丝猴的神秘面纱渐渐被揭下。研究结果显示："怒江金丝猴在中国仅分布于云南省高黎

黑衣大侠　摄影／薛康

贡山国家级自然保护区怒江辖区内的片马、鲁掌、称杆、大兴地等区域，缅甸一侧已知的遍布区为克钦邦东北部，恩梅开江以东接近中缅边境片马镇的一片区域；怒江金丝猴种群数量最多为14群，数量预计750～950只，其中中国境内有10群，数量在490～620只；缅甸境内有4群，数量在260～330只。"

　　人类的发展速度如此之快，在登上食物链顶端后，地球上其他物种的灭绝速度加快。曾经无数次成功渡过大自然劫难的物种在人类社会高度发达的机械轰鸣声中逐渐消失。

　　在越南金丝猴被科学家发现后的近一个世纪里，无论科研人员如何苦苦追寻，再无半点儿好消息传来。21世纪是否还存在不为人知的金丝猴新种呢？

2010 年年初，野生动植物保护国际组织人员到缅甸进行野外考察，通过与当地猎人交谈，他们了解到这里生存着一种毛发几乎全部为黑色的猴子。据说这种猴子的鼻孔朝天，下雨时雨水会流进它们的鼻腔，使它们频频打喷嚏。这些描述与此前发现的所有灵长类物种都有区别，野生动植物保护国际组织人员认为，这很可能是一个新物种。

随着考察行动的深入，调查队得到了这种动物的皮毛和头骨，但遗憾的是，他们并没有找到这种动物的活体，甚至没人拍到过这种动物的清晰照片。

根据这种动物的毛皮和遗骸，科研人员判断出这是一种不同于川金丝猴、滇金丝猴、黔金丝猴和越南金丝猴的金丝猴新种，为了感谢阿克思（ARCUS）基金会创始人乔恩·斯瑞克（Jon Stryker）对缅甸灵长类调查项目的支持，这一新物种被定名为 *Rhinopithecus strykeri*。

2010 年 10 月 26 日，《美国灵长类学杂志》发表了这一新物种的相关信息，在世界上引起了轰动，中国的动物学家也注意到了这一消息。这种金丝猴分布在缅甸克钦邦东北部大山里，这里与云南接壤，那么这个珍贵的物种在中国是否也有分布呢？

　　龙勇诚长期在云南、西藏等地研究滇金丝猴，对这一金丝猴新种早有耳闻。20 世纪 80 年代他就从云南怒江州的群众那里听说，碧罗雪山中有一种被称为"黑猴子"的动物出没，但一直没能得到标本，而与碧罗雪山仅隔一条怒江的高黎贡山中也极有可能有它们的身影。

　　2011 年 10 月 16 日，高黎贡山国家级自然保护区泸水辖区的护林员六普意外拍摄到这一金丝猴新种的身影，由于这种金丝猴在怒江地区出没，因而被暂定名为"怒江金丝猴"。

越南金丝猴

越南金丝猴（学名 *Rhinopithecus avunculus*）又称越南仰鼻猴、东京仰鼻猴，是金丝猴属的又一新种，也是目前唯一一种在中国境内没有分布的金丝猴。

越南金丝猴邮品　供图／薛康

1910 年，这一金丝猴新种在越南被学界发现。

1912 年，英国动物学家盖伊·多尔曼（Guy Dollman）根据存放于英国自然历史博物馆中的模式标本为其定名。其后几十年间，越南金丝猴的行迹不为外界所知，直到 1989 年才有人再次看到它们在树林间灵动跳跃的身影。

越南金丝猴体型较小，体重为 8.5 ～ 14 千克，其雄性比雌性略大。在毛色上，它们的背部和四肢外侧为黑色，胸部、腹部和四肢内侧为浅黄色。与川金丝猴、滇金丝猴、黔金丝猴一样，它们同样有长长的尾巴。越南金丝猴有退化的鼻梁骨，这能够帮助它们在空气稀薄时更顺畅地呼吸。它们的额头微微向下凹陷，上面长着短短的浅黄色毛发，看起来就像造物主为它们精心设计了"平头"造型。

越南金丝猴的眼部轮廓很独特，看上去像戴了一副眼镜，很斯文。它们的嘴唇呈浅粉色，光滑且厚实。它们脸部的颜色与川金丝猴有些相似，呈现出淡淡的蓝色。

越南金丝猴的数量极少，是所有被科学家发现的金丝猴中最容易灭绝的一种。2008 年，越南金丝猴被世界自然保护联盟列为极危物种。越南金丝猴同样喜欢在树上活动，越南北部海拔 200 ～ 1200 米的原始森林是它们经常出没的地方。这里植被茂密、空气湿热，属于典型的亚热带气候。

它们也喜欢成群行动，在其数量比较多的时候，人们甚至能够看到上百只越南金丝猴一起在树林间游荡。受到惊吓后，越南金丝猴大家庭通常会分散成数个小家庭分头逃走。

本文原创者

薛康

　　中华全国集邮联合会副会长，双
宝文化学者。中国摄影家协会会员，
中国艺术摄影学会会员，中国动物学
会灵长类学分会会员，成都大学中国
双宝文化研究中心主任、客座教授。

　　近年来，其拍摄的作品多次在国
内外摄影大赛中参展、获奖。创作的金丝猴系列组照被《中国国家地理》
《中国艺术报》《现代艺术》等二十余家专业刊物刊载，被平遥国际摄影节
选用展出，被四川省文联评为"2018年度原创优秀文艺作品"。

　　其担任主编完成了四川省委、省政府编辑出版的《感恩香港》《感恩
澳门》等纪实摄影画册。

　　作为主编和主摄人员之一，他编辑出版了《中华精灵·金丝猴》《双
宝150：科学发现大熊猫、金丝猴150周年》等专题摄影画册。

　　2020年12月，他出版了《金丝猴邮集图鉴》专著，2021年12月出
版了《大熊猫邮集图鉴》专著。

　　其编组的《金丝猴——生态家园的精灵》邮集荣获四川省第13届邮
展开放类金奖、绵阳2017中华全国专项邮展开放类"大镀金奖＋特别奖"、
香港2018首届世界华邮展开放类榜眼、中国2019世界邮展开放类大银奖；
《大熊猫——传播友谊的使者》获四川省第14届邮展开放类金奖、上海
2021庆祝中国共产党成立100周年中华全国主题集邮展览开放类大镀金奖。

川金丝猴可爱漂亮，
身披金黄色长毛，
在林间欢腾跳跃，
宛若一只只精灵。
它们，
被记录在中国的古籍中，
被定格在摄影家的画面中，
被留存在世人的记忆里，
今天，
它们，
被更多人关注，
逐渐走向世界。

SICHUAN GOLDEN MONKEY—MYSTERIOUS
AND LOVELY NATURE SPIRIT 08

川金丝猴——神秘可爱的自然精灵

金丝猴名字的由来

神秘的川金丝猴外表可爱、性格温和、动作优雅、聪明灵动，是人见人爱的小精灵。

你知道金丝猴名字的由来吗？1869 年 5 月 4 日，法国博物学家、传教士阿尔芒·戴维（Armand David）在四川宝兴盐井乡邓池沟请当地人为其打了 6 只猴，他在日记中写道："我的猎手在穆坪东部地区等候了两个星期，今天回来时给我带了 6 只仰鼻猴。这种

祈盼 摄影／薛康

猴子的毛色金黄、身材健壮、四肢肌肉发达。它们的面部特别奇特，鼻孔朝天，几乎位于前额之上，像有一只绿松石色的蝴蝶停立在面部中央。它们的尾巴长而壮，背上披着金黄色的长发，长期栖息在雪山最高的树林中。"戴维凭借经验判断，这极有可能是一种新物种。于是，他给这 6 只猴子起名"仰鼻猴"，并将其标本送到法国巴黎自然历史博物馆。

1870 年，经著名动物学家巴黎自然历史博物馆馆长亨利·米勒－爱德华兹组织专家研究鉴定后证实，这的确是一种新物种。亨利·米勒－爱德华兹在认定戴维发现的"仰鼻猴"是新物种的同时，决定给这种珍兽取一个动听的名字。由于这种猴子身披细密光亮的金色毛发，且脸上长着一对微微上扬的鼻孔，他便联想到 11 世纪一名军队司令的夫人洛克安娜。洛克安娜夫人有一张漂亮的脸蛋，一头金色的长发，唯一不足的是鼻孔微微上扬。那么，何不以洛克安娜夫人的名字命名金丝猴呢？就这样，它们便有了一个风趣幽默的外国名字——*Rhinopithecus roxellana*。而在中国，根据川金丝猴外貌特征而来的名称——"金丝猴"也已经开始流传。

父子情深　摄影／薛康

漂亮的川金丝猴

　　川金丝猴是树栖动物，原本生活在亚热带地区的低山森林地带。但随着人口数量的增加与人类生产活动变得频繁，与环境关系密切的川金丝猴的生活发生了巨大变化。从低山地带的阔叶林慢慢转向中高山地带的针阔混交林、针叶林，这是川金丝猴的迁移轨迹，栖息环境逐渐收缩，分布范围逐渐变小，后来只生存在人类活动很少的地方。

　　作为世界上最早被人类发现的仰鼻猴属动物，川金丝猴的可爱模样不仅被记录在中国的古籍中、定格在摄影家的画面中，而且随着法国传教士阿尔芒·戴维一起漂洋过海，从邓池沟走向世界。

　　川金丝猴的外貌非常引人注目。它们身披金黄色的长毛在林间欢腾跳跃，宛若一只只精灵。那张靛蓝色的脸庞散发出别样的魅力，因而有"蓝脸精灵"的称号。当然，最吸引人的还是它那身金色毛发，随着年龄的增长，川金丝猴的毛发也会有相应的变化，如有的没有冠毛，有的冠毛很短；有的背上没有金丝长毛，有的金丝毛发较短。其毛发、毛色通常与其年龄、季节相关，还与其健康状况相关。例如，春末夏初，刚换过毛的川金丝猴比冬天更显洁净美丽。

父母的温暖　摄影／薛康

在川金丝猴群体中，雄性家长拥有"后宫佳丽三千"。一般而言，雌猴在猴群中的数量较多，常是交配行为的积极发动者。当雌猴做出邀配行为时，若雄猴觉得合适，便会接受邀配，交配后的雌猴通常会有给雄猴理毛的行为。不过多数情况下，当一只雌猴做出邀配行为时，会激起其他雌猴的"嫉妒心"，从而引发一场"争宠大战"。

主动权在手的雄猴往往有更多的选择空间，但也很难将每只雌猴都照看得当。因此，当与雄猴相隔较远时，雌猴也会考虑与全雄单元（金丝猴猴群的基本组成单位，其与其他数个"一雄多雌"单

温馨一家　摄影／薛康

元共同生活组成了一种与其他亚洲疣猴不同的双层次社会结构）的雄性交配，因此全雄单元的雄猴会时刻寻找机会，打败家庭单元中的主雄猴并取而代之。另外，雌猴还会通过"出轨"行为刺激新家长，以获得更多的交配权。

不得不说，在金丝猴的家族中，川金丝猴确实是最漂亮的一种。它们有着天蓝色的脸颊，一双炯炯有神、又大又圆的眼睛，成年公猴的嘴角两边都长着突出的肉瘤。它们的背毛长可达 30 厘米，看上去威风凛凛，宛若花果山水帘洞里的盖世英雄——美猴王。

川金丝猴的分布地区

川金丝猴是中国特有的物种，分布在中国四川、陕西、甘肃和湖北境内偏僻的山林中，总数约有 2.5 万只。目前，川金丝猴在中国呈点状不连续分布，有形成地理隔离种群的态势。

四川是川金丝猴猴群数量最多的地区，它们广泛地分布在川西海拔 2000 ～ 3500 米的崇山峻岭中。其中约有 2000 只野生金丝猴世世代代繁衍生息在九寨沟白河国家级自然保护区的原始森林中。穿过静谧的薄雾，在这片土地上探索，目之所及，"飞湍瀑流争喧豗，砯崖转石万壑雷"，如果你有足够的耐心和运气，说不定转身就能撞见那些腾空飞跃在树丛间的精灵。每到秋天，森林变得五彩缤纷，有的树叶红了，有的树叶黄了，果实渐渐成熟，青苔爬满树木，随手就能摘到可口的食物。然而，川金丝猴妈妈并不是在这个物资丰饶的时节哺育幼仔的，它们大多 3 月就开始产崽，且主要集中在 3 ~ 5 月。

九寨沟自然保护区　摄影／薛康

金丝猴是群栖动物，但它们中间并不存在"猴王"，一个猴群通常由多个家庭单元组成，每个家庭都有一只成年的雄猴作为"家长"，与大于一只雌猴及子女过着一夫多妻的生活。然而，雄性金丝猴并非拥有绝对的"权威"，雌性金丝猴一旦产崽，就享有食物优先等特权。

　　金丝猴极有母爱，每当有一只小猴子出生，它就会立刻成为家庭的明星。除了母亲无微不至的照顾，其他家庭成员也都争先恐后地围观，并希望抱一抱这个新到来的家庭成员。小猴子的"姑妈""姨妈"完全不会吝惜自己的关爱，甚至会非常积极地争抢着照顾小猴子。

萌　摄影／薛康

　　未生育的年轻雌性金丝猴能在照顾小猴子的过程中学到不少做母亲的经验，小猴子的亲生母亲也能有更多摄取食物的时间，可谓一举多得。

守望　摄影／薛康

　　陕西的川金丝猴主要生活在秦岭一带，被称为秦岭金丝猴或川金丝猴秦岭亚种，与大熊猫、朱鹮、羚牛合称"秦岭四宝"，多在海拔 2000 ~ 3000 米的混交林地带活动。

　　陕西秦岭地区是川金丝猴分布的最北界。靠近秦岭中部主脊的南北两侧，西至太白东到柞水的一片横亘东西的狭长地带是它们的主要活跃地。

　　秦岭目前设有太白山国家级自然保护区和佛坪国家级自然保护区。此外，周至自然保护区内也有许多川金丝猴。坐落在秦岭高处山坳里的周至县双庙乡玉皇庙村是川金丝猴每年冬季都会光顾的地方。玉皇庙三面被山和古木环绕，川金丝猴极喜欢到此处觅食、栖息和寻找配偶。

　　甘肃境内的川金丝猴主要生活在文县、舟曲和武都等地的一些林区，属岷山和邛崃山向北伸延的山地。2017 年，在甘肃陇南康县铜钱乡，当地的工作人员听到了一声尖锐的叫声，回首望去发现有一只金丝猴正在林间跳跃。据考证，这只野生金丝猴属于川金丝猴的一种。而在甘肃裕河国家级自然保护区内，有成群结队的金丝猴在林间觅食、嬉戏。

　　川金丝猴的湖北亚种主要生活在有"华中屋脊"之称的湖北神农架。神农架位于湖北省西部，这里因华夏始祖炎帝神农氏在这里架木为梯、采尝百草、救民疾夭、教民稼穑而得名。

　　神农架自然保护区于 1982 年建立，地处大巴山系与武当山系之间，主峰大神农架海拔 3105 米。1986 年晋升为国家级自然保护区。保护区内呈明显的垂直地带性——植被以亚热带成分为主，兼有温带和热带成分。

　　受第四纪冰川影响，各地植物区系聚集于神农架。这里生长着许多珍稀特有的植物。此外，此处气候特色一向以"山脚盛夏山岭

来，玩三攻一　摄影／薛康

春，山麓艳秋山顶冰，风霜雨雪同时存，春夏秋冬最难分"著称，
因此，这里非常适宜金丝猴生活。

　　大多数情况，神农架都笼罩在一片浓雾中，当云雾散尽，展现
在人们眼前的是几万公顷连绵不绝的山林。层层叠叠的山峰和密林
总能勾起人们无尽的遐想。

　　自 20 世纪以来，神农架一直流传着有野人的传言，这为其增添了几分神秘的色彩。神农架素有"华中屋脊、绿色明珠"的美称，其得天独厚的自然资源为川金丝猴提供了一片生存繁衍的乐土，而生活在神农架的金丝猴也成了神农架国际生态旅游区的重要组成部分。神农架与川金丝猴就这样互相依存、互相成全。

本文原创者

薛康

　　中华全国集邮联合会副会长，双宝文化学者，中国摄影家协会会员，中国艺术摄影学会会员，中国动物学会灵长类学分会会员，成都大学中国双宝文化研究中心主任、客座教授。

　　近年来，其拍摄的作品多次在国内外摄影大赛中参展、获奖。创作的金丝猴系列组照被《中国国家地理》《中国艺术报》《现代艺术》等二十余家专业刊物刊载，被平遥国际摄影节选用展出，被四川省文联评为"2018年度原创优秀文艺作品"。

　　其担任主编完成了四川省委、省政府编辑出版的《感恩香港》《感恩澳门》等纪实摄影画册。

　　作为主编和主摄人员之一，他编辑出版了《中华精灵·金丝猴》《双宝150：科学发现大熊猫、金丝猴150周年》等专题摄影画册。

　　2020年12月，他出版了《金丝猴邮集图鉴》专著，2021年12月出版了《大熊猫邮集图鉴》专著。

　　其编组的《金丝猴——生态家园的精灵》邮集荣获四川省第13届邮展开放类金奖、绵阳2017中华全国专项邮展开放类"大镀金奖＋特别奖"、香港2018首届世界华邮展开放类榜眼、中国2019世界邮展开放类大银奖；《大熊猫——传播友谊的使者》获四川省第14届邮展开放类金奖、上海2021庆祝中国共产党成立100周年中华全国主题集邮展览开放类大镀金奖。

高度濒危的滇金丝猴，
脸庞俊俏，
形态优美，
极具观赏价值。
它们生活在滇藏交界的高山密林中，
活动面积大，
动作非常迅速，
闲云野鹤般地生活在自己的天地，
难得一见其真容。

LOOKING FOR THE YUNNAN GOLDEN MONKEY 09

寻觅滇金丝猴的踪迹

　　滇金丝猴又叫黑白仰鼻猴，是我国特有的高度濒危的灵长类动物，只生活在滇藏交界的高山密林中。

　　滇金丝猴是一种特化的旧大陆猴，具有很高的科研价值；滇金丝猴脸庞俊俏、形态优美，具有很高的观赏价值。但是，在野外要想一睹滇金丝猴的真容是十分困难的，主要原因是：

　　首先，滇金丝猴生活在高海拔的云冷杉林中，常年不与人接触，尤其在缺衣少食的年代，人类为了补充衣食，曾对滇金丝猴进行过大规模屠杀，这加剧了它们对人类的恐惧，形成了惧怕人类的本性。

　　其次，由于滇金丝猴的活动面积非常大、动作非常迅速，总是游离于人们的视线之外，闲云野鹤般地生活在自己的天地，在野外寻觅和追踪它们是一件十分困难的事情，所以寻找滇金丝猴成了保护者、研究者和拍摄者面临的一个难题。

滇金丝猴的重要栖息地——响古箐　摄影／和鑫明

　　多年从事野外追踪监测滇金丝猴的工作使寻找金丝猴的团队积累了一些追踪方法——在寻找滇金丝猴时应该做到宏观和微观相结合。宏观方面，要从滇金丝猴食物的分布、食物的物候、天气、水源、人为活动等方面去判断，分析猴群最有可能在栖息地的什么地方活动，什么因素会影响猴群的活动；微观方面，在确定了猴群大致在某片森林中后进入森林，通过食迹、足迹、粪便等分析判断其活动的方向、距离调查者的远近等，从而靠近猴群进行观察、研究、拍摄等活动。

季节、天气和食物分析

　　季节和天气会影响植物的生命周期和温度，所以对滇金丝猴的活动也有影响。冬春季节，由于高海拔处下雪频繁，滇金丝猴会向低海拔处和西坡、南坡等背风向阳的地方转移，以躲避寒冷和大雪，这时人们的寻找方向应该偏向于这些地方。春季低海拔处的植物最先发芽，所以滇金丝猴也会光顾这些地区，这时应该重点在这些区域寻找。

　　滇金丝猴的食物类型主要有：以松萝为代表的地衣；阔叶林的芽、叶、花、树皮、果实和种子；竹叶和竹笋；各种草本植物；少量菌类。滇金丝猴的食物呈明显的季节性变化，这主要是由植物的物候引起的，除了松萝全年都可取食，其他植物都有明显的季节变化，每个季节有一种主要的食物类型，人们的搜寻地点应该根据植物的分布和物候来确定。松萝是滇金丝猴常年的主要食物，尤其是冬天，阔叶林的树叶和果实凋零后，松萝便成为滇金丝猴最主要的食物。进入一片森林后，重点观察树木上附生的松萝，尤其要关注成熟林。在滇金丝猴经常活动的森林里，由于滇金丝猴常年大快朵颐，松萝明显少于其他森林。如维西县石门关和维西县响古箐部分区域，由于猴群经常光顾，森林中的松萝特别少。

　　春季，冰消雪融，万物复苏，低海拔处的落叶阔叶林首先发芽，滇金丝猴会出现在落叶阔叶林中取食嫩芽、嫩叶。经过一个食物短缺的冬季，鲜美的嫩叶是不可抗拒的美食，阔叶树叶丰富的营养也可以弥补其冬季食物短缺导致的营养不足，从而迅速恢复体力。

取食春天的嫩芽
摄影／和鑫明

取食夏天的竹笋
摄影／和鑫明

　　夏季，高温多雨，树木葱郁，阔叶树为滇金丝猴提供了丰富的食物。到了六七月，滇金丝猴酷爱的竹笋发芽了，所以滇金丝猴会到箭竹林搜寻竹笋。

　　秋季，天高气爽，硕果累累，阔叶林的果实和种子成了滇金丝猴的最爱，滇金丝猴也要进行最后的营养储备，准备度过漫长的冬季。

　　冬季，天寒地冻，万物凋零，可供食用的树叶非常少，松萝成了滇金丝猴主要的食物，在不下雪的日子里，滇金丝猴会到松萝更多的高海拔的云冷杉林中取食，附生松萝的森林在此时成为寻找它们的重要"向导"。

取食秋天的果实　摄影／和鑫明

取食冬天的松萝　摄影／和鑫明

粪便分析

　　在地面寻找滇金丝猴的粪便，可从粪便的新鲜程度分析猴群来这里的时间，这是进入森林后人们最常用的一种方法，此时可以将大部分的精力放在云冷杉树下。滇金丝猴喜欢在高大的云冷杉树上休息和睡觉，休息和睡觉前后时段是它们排便的高峰期，所以粪便更多会出现在云冷杉树下。前一年的粪便会分解消失，留在树下的一般是近几个月的粪便。

滇金丝猴新鲜的粪便表面光滑油亮，呈黑色，摸捏比较柔软，其刚排出的粪便掰开有水淌出。其粪便雨季和旱季有所不同，雨季的粪便偏黄绿色并且表面湿润；旱季的粪便偏黑色并有少许的白丝，表面干燥，这是取食大量松萝所致。随着时间的推移，三天左右的粪便表面将失去油光变得粗糙，10天以后粪便表面会有一些白色的附着物，这是细菌和真菌侵染繁殖的结果，有时还有粪食性的金龟子在里面，粪便也变得

松软。雨季，粪便刚排下几分钟就会有一种蝇类昆虫到粪便上产卵，产完卵后便离开；搜寻中如果发现这种蝇，说明粪便刚排出不久，猴群也应该在附近。粪便的新鲜程度是判断猴群到达该处的时间很好的方法，顺着粪便的散落路线，结合其他方法就能很快判断出猴群的迁移方向。

断落的枝条及树干的分析

滇金丝猴在取食、移动、嬉戏、打斗时会弄断树枝，根据断口的颜色、树脂、气味等判断枝条断落的时间，就能判断猴群到达的时间，为找到猴群提供依据。

滇金丝猴栖息的树林有针叶林、阔叶林、针阔混交林等，但它们主要在以云冷杉林为主的针叶林活动，所以在此以云冷杉枝条为例进行说明。刚折断的云冷杉枝条断口处韧皮部呈淡绿色，木质部呈乳白色或乳黄色；有从树脂道分泌的树脂，树脂黏手；用鼻子闻有清新的松香味。随着时间的推移，3 天后枝条断口处木质部逐渐变为黄色、黄褐色或黑褐色；韧皮部由绿色变褐、变黑；树脂结成硬块，不黏手；很难闻到松香味。两三个月后枝条枯萎，可以抖落条状小叶。枝条越新鲜，越能说明猴群近期来过这里，和分析粪便一样，顺着断落的新鲜枝条就可以找到猴群。

猴群从山顶向山脚移动时，断落的枝条数量多且大。猴群从山脚向山顶移动时，断落的枝条数量少且小。因为猴群在移动时，向山下移动的猴群多采用树上跳跃的方式，从上向下的跳跃冲击力大，所以断落的枝条多且大；向山上移动时，猴群有时会在地面走，从树上跳跃的冲击力也较小，所以断落的枝条少且小，由此可以判断猴群的垂直移动方向。

新断落的冷杉枝条　摄影／和鑫明

　　在森林中还要注意区分有些松鼠等啮齿类动物咬落的枝条，这些枝条比较小，一般长度不超过 20 厘米，而且断口平滑整齐。滇金丝猴折断的枝条是自然断口，且都比较大。

树干及被剥离的树皮、苔藓和地衣　摄影／和鑫明

　　滇金丝猴在移动时，如果树与树之间的距离小，它们会跳过去；如果距离远，它们就会顺着树干下地，从地面移动到另一棵树下，然后顺着树干爬到树上。这样它们就会在树干上留下痕迹，树干上的树皮、苔藓、地衣也会被它们的爪子抓落。根据树干上是否有脱落的痕迹、树下是否有苔藓等脱落物，可以判断猴群是否来过这里。猴群经常光顾的地方，树干一般比较光滑，树下堆积有较多的脱落物。根据脱落的苔藓等的潮湿和新鲜程度可以判断猴群到达的时间，苔藓越潮湿、越新鲜就说明猴群到达这里的时间越近。

足迹分析

　　滇金丝猴是树栖与地栖兼有的灵长类，大部分时间它们会在地面上移动、取食、休息、嬉戏、交配等。地栖的特性使得滇金丝猴会在地面留下活动的蛛丝马迹，也为人们寻找滇金丝猴多提供了一种线索。

　　滇金丝猴的足迹一般会留在松软潮湿的泥土上，如沟边、水塘边、小滑坡上。但留在泥土上的足迹不明显，只有很老练的猎人和巡护员才能发现和判断。在地面的痕迹中，留在雪地上的足迹是最容易发现和辨认的。滇金丝猴雪地上的足迹酷似人的脚印，前宽后窄，只是比人脚小，其成年雄性脚掌最大，长 15 厘米左右。雪地上的脚印不仅可以证明滇金丝猴的存在，而且可以推断出猴群前进的方向、种群的大小、种群的结构等。脚印是下雪后才会踩上去的，所以可以断定猴群是在最近的降雪日后到达的，人们可以根据气象资料或访问附近村民知道降雪的时间，从而大致推断出猴群到达的时间。

　　滇金丝猴的分布区海拔高、降雪大，在很深的积雪中寻找滇金丝猴是非常困难的事情，并且有很大的安全风险，所以在时间的选择上，一般选择在每年 11 月和 3 ~ 4 月。每年 11 月左右，滇金丝猴分布区将迎来初雪，初雪一般不会很大，人们可以勉强进山搜寻。3 ~ 4月，气温回升，积雪开始融化，进山搜寻的难度也会降低。

夏秋季，地面植被茂盛，滇金丝猴在地面行走时会踩倒地面的草本植物，草本植物倒伏后短时间内不会复原，倒伏植株顶端指向的方向就是猴群前进的方向。这是在草本植物的生长季节寻找猴群的好方法。

滇金丝猴行走时会造成地面的枯枝朽木和石块翻动，在很陡的坡面和圆滑的枯倒木上会有一些划痕，这些细节都应该注意到。

留在雪地上的足迹　摄影／和鑫明

猴群行走后被翻动的木杆　摄影／和鑫明

食迹分析

　　滇金丝猴一天中的大部分时间都在取食，我们要好好地利用取食给我们留下的痕迹证据。食迹分析与粪便分析和枝条分析一样要分析它的新鲜程度，然后判断猴群到达的时间。

　　滇金丝猴取食比较"浪费"，在取食松萝和阔叶树叶时，它们会掰断枝条，只取食幼嫩的部分，将其他部分丢弃；或者撸下一把叶子，咬下幼嫩的部分，将老硬的部分丢弃。在取食竹笋时，则是撕开笋壳取食幼嫩的笋心部分，然后将笋壳丢弃。滇金丝猴"浪费"的取食方式使得取食地一片狼藉，一路的"残枝败叶"，而"残枝败叶"正是我们需要的食迹证据。

　　丢弃的阔叶树叶四五个小时之后还能保持原样，之后因为内部水分的蒸发会枯萎，时间越久枯萎的程度越高。枝条断口的分析可以参照前面讲述的枝条分析方法。六七月是取食竹笋的季节，滇金丝猴会长时间在地面活动，它们边走边拔起竹笋，然后端坐在舒适的地方撕笋壳吃笋心，它们坐过的地方会留下一堆笋壳，这是滇金丝猴取食竹笋的一个特征。其他动物取食竹笋与滇金丝猴不同，许多食草动物，如附近的牛群，它们会吃掉整根竹笋，很少会留下一堆笋壳。黑熊吃竹笋与滇金丝猴类似，但黑熊喜欢单独活动，个体数量少。滇金丝猴几百只个体同时活动和取食，在竹林中留下痕迹的面积和数量都大于黑熊。

　　滇金丝猴的食谱中还有一些昆虫及其幼虫等，它们会在枯立木树皮、石头和枯倒木下寻找这些高蛋白食物。所以，在野外经常会发现树皮被剥开、石头或枯倒木被翻开的情况，这时可以查看这些痕迹的新鲜程度，从而判断猴群到达的时间。在海拔 4000 米左右的冷杉林中，滇金丝猴会在地上刨食一种块菌，将苔藓层和枯落层刨开，地面就像翻犁过的耕地，这些细节都是应该注意和分析的。

猴群丢弃的笋壳　摄影／和鑫明

声音分析

滇金丝猴在活动中会发出声音，它们的声音在空气中传播得很远（主要有警报声、打斗声、呼伴声等），声音分贝大，这成了寻找滇金丝猴的方法之一。此外，滇金丝猴踩断枝条的声音也很大，这些声音是要注意搜寻的。

在搜寻声音时要先选择一个较高的地点，如山脊、孤峰、悬崖，也可以爬到树上，最好在目标猴群的上方。在山地，白天的风向上吹，声音也会顺风往上传播，所以在猴群上方就容易听到其发出的声音，由此就能判断和确定猴群的位置。选好地点后停止交谈、屏住呼吸，静静地听周围的声音并加以分析，判断是否有滇金丝猴发出的声音。

在时间选择上最好是微风或无风时段，因为强烈的大风会使树木剧烈摇动产生噪声，影响对猴群声音的收集和判断。中午前温度较低，空气对流不剧烈，猴群的活动也很活跃，会频繁发出声音，这是通过声音搜寻它们的好时段。滇金丝猴 12:00—16:00 有午休行为，这个时段整个猴群很安静，不会发出太多的声音。17:00 左右，滇金丝猴有一个取食高峰期，如果山风不大的话就可以循音找到它们。

水源分析

滇金丝猴的分布区气候有明显的旱、湿季，每年 5 ~ 10 月是雨季，11 月至次年 4 月是旱季。

水的季节性变化对滇金丝猴的生存也会产生影响，它们对水源的利用也成了寻找滇金丝猴的依据之一，寻找者可以采取在水源附近蹲守的方法找到猴群。

滇金丝猴的生存需要饮水，其分布区的水源类型主要有小水塘、溪流、雨水、积雪，食物中的水分也可以为滇金丝猴补充水分。在旱季，由于空气干燥且食物中缺少水分，滇金丝猴到水源地饮水更为频繁。寻找者可以在小水塘边蹲守，因为小水塘呈点状分布，容易等到猴群；而溪流呈带

在水塘饮水的滇金丝猴　摄影／和鑫明

状分布，猴群在何段饮水是个未知数。在旱季，滇金丝猴几乎每天都要饮水，猴群的活动地点也以水源分布的情况而定，所以，"守

水待猴"的方法是有效的。旱季与降雪季节是同步的,有积雪的时候,猴群会通过吃雪补充一部分水分,所以猴群会推迟到水源地饮水的时间。雨季,由于森林中湿度大,食物中水分也足,所以猴群很少特意到水源地饮水。

人为活动分析

滇金丝猴的活动区域与人的活动区域有一定的冲突,人的活动会对滇金丝猴的生活产生一定的影响。

目前来看,滇金丝猴会从人为活动频繁的地区迁移和躲避到其他地区,人们可以通过总结和分析,确定猴群的动向。

在滇金丝猴分布区,人为活动主要有砍伐、放牧、采集、采矿等。有些人为活动具有一定的季节性和规律性,如在响古箐种群分布区,附近的村民会在五六月到海拔 4000 米左右的冷杉林采集虫草,猴群在这一时段会避开这些区域,到较低海拔的区域活动。

7 ~ 9 月是松茸的采集季节,海拔 3000 米左右的针阔混交林是松茸的生长地,森林中会有大量的采集人员,滇金丝猴这段时间也会避开这些区域到较高海拔的区域活动。所以,队员们在调查区域时要详细了解人为活动的情况,有针对性地制订调查计划。

瞭望方法

　　瞭望是动物调查中常用的一种方法，借助望远镜等工具对调查区域进行扫描，有时可以发现调查对象。在寻找滇金丝猴时，我们也经常使用这种方法。

　　一般情况下队员们会选择一处通视条件好的地方，最好是一个高地，用望远镜对整片森林进行搜索。滇金丝猴经常在树冠层活动和休息，这样就可能在有效

巡护员在高处收集猴群的声音　摄影／和鑫明

的距离内用望远镜看到它们。滇金丝猴的体表颜色黑白相间，森林背景以绿色、墨绿色为主，黑色的体表颜色在绿色背景中不是很明显，但白色是很明显的，只要我们注意到这些绿海中的白点，就能很快发现滇金丝猴的行踪。滇金丝猴的活动会引起树枝的摇动，所以要特别注意摇动的树枝，对这些树木要认真反复地瞭望，但要注意区别是不是山风引起的树枝摇动。

在冷杉林中采虫草的村民和他们的临时营地　摄影／和鑫明

　　另外，在寻找滇金丝猴前，对附近村民、巡护员、猎人等进行访问是很有必要的。他们长期与滇金丝猴毗邻而居，是最了解滇金丝猴的人，对他们进行访问后再进入森林寻找，会少走很多弯路，减少很多麻烦。

　　以上是在野外寻找滇金丝猴的方法与技巧，寻找时要重视在野外发现的蛛丝马迹，任何一条线索都是有价值的。同时，在实地寻找中要将几种方法综合起来运用才会取得更好的效果。

本文原创者

和鑫明

　　纳西族，云南维西人，1977 年 9 月出生，在职研究生学历，高级工程师，现在云南白马雪山国家级自然保护区生态研究所工作，长期从事滇金丝猴监测和保护工作。在基层工作了 21 年，对滇金丝猴的行为生态学、保护生物学有一定的研究。

蹲点"数猴"是个技术活儿。
夜色尚未褪去，
调查队员们便来到山脚下，
面向横亘在面前的山壁，
仰头静候。
观察，计数，核对，记录……
白头叶猴与灯火人烟，
"相安无事"地度过一个又一个日夜。

INVESTIGATION ON WHITE-HEADED LANGURS **10**

白头叶猴调查

广西壮族自治区崇左市扶绥县的渠楠屯毗邻崇左白头叶猴国家级自然保护区，是白头叶猴重要的栖息地。为了更好地了解白头叶猴的生存情况，2019年11月，美境自然招募志愿者，同渠楠巡护队一起用5天完成了一次对白头叶猴的物种调查。

渠楠屯　供图／郭潇滢

这次调查活动得到扶绥县林业局、崇

调查队员　供图／郭潇滢

左白头叶猴国家级自然保护区及阿拉善 SEE 八桂项目中心、北京根与芽社区青少年服务中心的热心指导和支持，这是扶绥渠楠白头叶猴保护小区成立以来，首次以社区巡护队员为主体，邀请外部自然爱好志愿者，并启用线上地图工具完成的白头叶猴年度种群调查。调查时间虽短，但收获颇丰，给大家留下了深刻的印象。

白头叶猴

延伸阅读

广西的喀斯特地区不仅山清水秀、洞奇石美，而且有丰富的野生动植物资源。其中最具代表性的一个物种就是白头叶猴。全世界现存的白头叶猴，仅分布在中国广西的西南部，这个物种不仅是中国的特有物种，而且是一种只能在喀斯特石山森林中才能找到、以树叶为主要食物的珍稀物种。由于数量稀少、分布范围狭窄、生境破碎化，人为干扰大等因素，白头叶猴于2002年被列为全球最濒危的25种灵长类动物之一，也是我国一级重点保护野生动物。

——《渠楠自然观察手册》

望远镜中的白头叶猴　供图／郭潇滢

数 猴

这次调查，首先要掌握白头叶猴的数量和种群生活状况。一到渠楠，带队专家就对队员们进行了培训，并开展了实地预调查的学习，使大家基本掌握了蹲点"数猴"的要领。

在调查过程中，队员们每天都会换一片区域，每人监守其中一个地点，分别在早晚进行监测，以掌握渠楠白头叶猴的种群状况。

白头叶猴　供图／郭潇滢

「数猴」的要领

想要找到白头叶猴，首先要找到它们的夜宿地（通常位于喀斯特石山的洞穴内或石壁形成的平台上）。队员们会在日出前抵达有白头叶猴活动的山弄，等待它们从夜宿地出来，以记录猴群的类别和成员数量等。白头叶猴在巍峨的石山上显得很小，黑色身体也常与石壁融为一体，因此肉眼不易看清，这就需要望远镜或长焦镜头的辅助。白头叶猴长长的、末端呈白色的尾巴较为显眼，而且时常摆动或翘起，计数时可重点寻找。如果山上树木忽然有大声响动，这时候就要注意啦——白头叶猴很有可能在附近跳跃或取食。

白头叶猴　供图／郭潇滢

　　11 月 25 日是正式调查的第二天。因为猴群在太阳升起前便会出去觅食，所以大家早上 6 点半就到了各自的任务区。

　　此时，夜色还未褪去，月牙如一抹淡淡的微笑悬在远山之间。队员们站在山谷间的田野里，感觉寒气袭人，瑟瑟发抖。渠楠有典型的喀斯特地貌，从田野空阔处远远望去，一座座山峰在平地兀然耸立。

天亮之前出发　供图／郭潇滢

当来到山脚下，你会发现一道山壁扎扎实实地横亘在你的面前。大家都在裸露的山壁下仰头静候着。

　　阳光一丝丝浸染山间，密林深处看不见的鸟儿奏响了美妙动听的晨曲。甘蔗地与山峰被雾气笼罩着，若隐若现，白头叶猴清亮婉转的鸣唱开始从邻近的山峰传来。忽然，眼前的山林中响起吼声，白头叶猴出现了！白首黑身，长尾摇曳，敏捷地穿梭于繁茂的枝叶间，它们拖家带口，成群而来。此时，队员们观察到的是一个家庭群。发出吼声的应该是猴群中负责保卫工作的猴王（雄性），大概是发现了附近有潜在的入侵者，所以以吼声进行威胁、驱逐。一阵仪式性的吼叫之后，这个家庭便开始爬树吃早饭了。

白头叶猴的家庭分工

白头叶猴有复杂的社会行为，其社会构成以家庭群为基本单位。此外，亦存在全雄群（光棍群）、独雄群及很少见的多雄多雌群的过渡形态群。

一般来说，一个家庭群中的雄猴主要负责保卫家庭安全，使之避免来自天敌或其他猴群的威胁，雌猴则承担照顾后代的重任。调查所见的抱着幼猴的成年猴一般都是雌性。

当它们的活动范围趋于稳定时，队员们便开始一遍遍计数、核对。作为调查人员，队员们需要做的是观察与记录。记录猴群的类别和成员数量，包括雌性和雄性、成年和幼年的分类、数量及它们的活动时间、地点等。工作看似简单，但要把猴子数清楚也并非易事。也许你见过许多白头叶猴的高清大头照，所以印象中猴子的毛发清晰，目光炯炯有神，举手投足或萌或勇，彼此相聚一团，恩恩爱爱梳毛理发，可谓石山精灵。但队员们看到的猴群却只是山崖上的一个个小黑点儿。

白天光线明亮时还能看清，但清晨或黄昏时却很难分辨，而且猴子是移动目标，喜欢在崖壁和树丛间爬上爬下，隔三岔五地换棵树，跳到左边吃一会儿，再默默地去右边歇一歇，这样一来，稍有不慎就会造成重复计数或漏数，很费眼力。有时，前方林地扑棱棱飞过的红耳鹎也会对队员们的视线和心神造成干扰。另外，还要抵御得住各种鸟类的诱惑，如飞来飞去的棕颈钩嘴鹛和黄腹山鹪莺，它们很容易将你的照相机或望远镜吸引过去……

白头叶猴在理毛　供图／郭潇滢

山崖上的一个个小黑点儿　供图／郭潇滢

　　数来数去，在紧邻的两座山峰上，队员们分别看到 7 只和 5 只猴子。因此，大家认为这是一个拥有 12 名成员的大家庭。但奇怪的是，它们的移动方向并不一致：西侧的 7 只向两山之间的山坳前进，全部拐进了山的背面；东侧的 5 只则继续向东转移，直到翻过另一处山坳。

红耳鹎　供图／郭潇滢

红耳鹎

红耳鹎（bēi）是渠楠乃至广西最常见的鸟类之一，无论是城市还是乡村，均能见到它的身影。红耳鹎眼睛下方的红色羽簇就像红脸蛋，高耸的黑色羽冠也让人过目不忘。它们爱吃植物果实和种子，也爱吃小昆虫。红耳鹎生性活泼，常常集小群活动，喜欢站在突出的枝头鸣唱。

这次的带队专家姓宋，大家称他宋队。宋队没有固定观测点，他主要负责联系各点的监测人员，指导和复查计数的正确性。他告诉大家，这 12 只白头叶猴虽然住得近，但实际上是两群，7 只的是家庭群，5 只的是全雄群。

后来查了一下，这与历年监测的结果也对得上，这就解释得通了。到了上午 9 点，两个猴群都不见了踪影。因为它们白天翻山越岭，不停地活动，所以难以持续观察。只有在早晨刚刚出动或傍晚返回时，才是确认其数量的最佳时机。

等 猴

完成了早晨的数猴工作后，在黄昏众猴回家前的这段时间，队员们有比较充足的时间吃午饭和休息，然后整理照片和数据，且有空围着渠楠寻找各种美妙的生物，下午再去蹲点。

下午 4 点 46 分，树丛中响起一阵树枝弯折的咔咔声，随后传来猴子的吼叫声，好像来了两只——两条白尾巴从树上垂下来。队员们盯着那两条白尾巴，谁知瞥一眼邻近山峰的工夫就剩下一条了。3 分钟后，队员们才感觉不对劲儿，白尾巴怎么一动不动？走近细看，竟是一条白色树藤。难怪宋队培训的时候特别强调："尽量把尾巴和头对上号……"

达摩凤蝶 供图／郭潇滢

美凤蝶 供图／郭潇滢

　　除了记录猴群与猴子的数量，队员们还需要在电子地图上标记它们的夜宿地，记录其尿迹的新鲜程度并拍下来。白头叶猴通常夜宿在裸露崖壁的洞穴、凹陷和平台上，这里高峻陡峭，几乎垂直于地面，极难攀爬，能有效避免掠食者的袭击。虽然现在白头叶猴鲜有食肉动物天敌，但躲避危险的记忆深深地刻在白头叶猴的基因里，因此每当天色渐晚，它们就会寻找合适的崖壁留宿。

新鲜的夜宿地在石山上很显眼。白头叶猴将排泄物排到夜宿地的外面，顺石壁留下一道道深褐色的印渍。辨识夜宿地，首先要区分泥土和这些褐色排泄物，找到了排泄物便可判定上方有白头叶猴的夜宿地。

经过时间和风雨的冲刷，白头叶猴排泄物的印渍会逐渐变浅，与泥水融为一体，越陈旧的夜宿地排泄物的印渍就越不明显。

所以，刚开始，大家往往拿不准自己所处的位置是不是白头叶猴的夜宿地，队员们的心路历程往往是"这是夜宿地还是土？颜色

常见的等猴

『烟幕弹』

『数猴』虽然可以重点寻找白头叶猴的尾巴，但垂下的尾巴和浅色树枝也有几分相似，队员们要注意不能混。吃完早饭，白头叶猴喜欢坐在山顶晒太阳，它们在遥远的石山之上变得更小，队员们有时不得不靠它们耸立的白色毛发和翘起的尾巴来确定数量。

山顶的猴群不易点数，得仔细找找　供图／郭潇滢

有点儿深，夜宿地吗？但不明显。不是？是？！是吧！"非常新鲜的夜宿地附近有猴子出没。可怎样才算"非常"新鲜？据观察，如果夜宿地刚刚使用过，则意味着崖石和土壤仍是湿润的，所以印渍的颜色饱和度会更高、更鲜亮。

白头叶猴傍晚回夜宿地　供图／郭潇滢

临近傍晚6点，太阳西沉，气温慢慢降下来，队员们靠近高大的甘蔗林避风。早上监测到的两群白头叶猴依然没有回来，看来它们今晚要换夜宿地了。这时，宋队吩咐队员们去附近山腰上，记录准备进夜宿地的猴子。随后，队员们看到这些白头叶猴从大家头顶上方经过。因为每天看惯了村民劳作，见有人站在附近它们也没有受到惊吓。

猴子一只接一只地进入山洞，让人看得高兴。虽然心里高兴，但广西冬季山区的蚊子十分凶恶（饿），队员们被咬得站不住，手指脚腕被蚊子包围，那种疼痒直冲人的大脑。俯身看去，只见一只旱蚂蟥一弓一弓地向队员们奔来……

在美境自然专家的指点下，经过渠楠巡护队和志愿者的实地监测和协作，大家进一步掌握了白头叶猴的种群变动情况，为它们建立了"户口簿"，勾勒出了整片渠楠白头叶猴的生息状态。完成了这次调查任务，队员们临行前在所住村民家的阳台上又获得了意外惊喜：有一对白头叶猴，就夜宿在村旁的山壁上，还带着幼崽。这家白头叶猴与灯火人烟相安无事地度过了一个又一个日夜。而这种"相安无事"的深远意义正是渠楠自然保护区努力书写的答案。

在山间寻找白头叶猴，是渠楠巡护队的强项　供图／郭潇滢

本文原创者

郭潇滢

　　首都师范大学中国古代文学硕士，广西生物多样性研究和保护协会（美境自然）传播负责人，自然观察爱好者。

在海拔 4300 米的崩热贡嘎，
考察队员们搭建了简陋的"家"，
然后背着五六十斤的行李，
踏上了找猴子的漫漫征途。
进入白马雪山第 10 个年头，
肖林得以与神秘的生灵会面。
钟情于白马雪山的环境和生灵，
他一辈子在此守护。

KEEP ONLY ONE MOUNTAIN FOR A LIFETIME 11
一辈子只守一座山

　　红润的嘴唇、洁白的面庞，滇金丝猴有着肖似人类的长相。它们是我国独有的高山生灵，生活在海拔 2500 ～ 4000 米人迹罕至的树林中，来无影去无踪，甚至曾经只是藏区的一个传说。

　　直到 19 世纪 80 年代，法国人才在云南德钦证实了滇金丝猴的存在，但是其之后几十年销声匿迹，甚至很多人觉得滇金丝猴已经灭绝了。直到 20 世纪 60 年代，滇西北的枪声让 8 具滇金丝猴的尸体出现在人们面前，在让人痛心疾首的同时，也带来了滇金丝猴重现江湖的消息。

　　滇金丝猴还在！它们生活在哪儿？我国到底有多少只滇金丝猴？它们是不是处于濒危状态？我们该怎样保护它们？

　　滇金丝猴的故事，从这里开始。

进入白马雪山的第 10 年，肖林见到了滇金丝猴

白马雪山国家级自然保护区是世界上唯一以滇金丝猴为主要保护对象的国家级自然保护区，位于云南省西北部的迪庆藏族自治州德钦县境内，肖林（藏文名字昂翁此称）是保护区成立后的第一批正式员工。

当 1992 年中国科学院昆明动物研究所研究员龙勇诚和美国加州大学博士柯瑞戈（Craig）计划在这里选择一个滇金丝猴群进行长期野外观察的时候，肖林和他的朋友钟泰作为白马雪山保护区管理局的技术骨干加入了考察团队，他们希望通过为期 3 年的野外跟踪监测搜集第一手资料来研究滇金丝猴种群的生物生态学习性。

在海拔 4300 米的崩热贡嘎，他们在木头框架上蒙上塑料布，搭建了简陋的"家"，然后踏上了找猴子的漫漫征途。很多人觉得野外徒步是运动、是趣味、是浪漫，但是野外科考完全不同。每个月规划的滇金丝猴研究时间是雷打不动的 15 天，很多人觉得藏族同胞天生可以在高原上健步如飞，但是 4000 米的海拔实在是太高了，每个人的行李都有五六十斤（二三十千克），里面装着半个月的口粮、锅碗瓢盆、照相机、望远镜、脚架、换洗衣物、茶叶、盐巴、青稞酒……每走一步不仅要靠头顶到脚尖协同发力，而且要时时给自己打气。

行李已经那么沉了，猴子却依然那么难找

滇金丝猴极度警觉，问生活在滇金丝猴栖息地附近的藏族同胞，随便一个小孩子都见过黑熊、白腹锦鸡，但是说起滇金丝猴，好像只是老猎人口口相传的一个传说。傈僳族的方言中称滇金丝猴为"灰白的猴子"，要知道滇金丝猴可是黑白色皮毛、红色嘴唇，难不成世代毗邻而居的人看到的只是滇金丝猴风一般掠过的模糊混色的身影？

滇金丝猴是十分能跑的"选手"，其家域面积甚至能达到 50 平方千米，堪称最能溜达的灵长类动物。这主要是因为滇金丝猴的主要食物是松萝（一种树挂地衣），松萝被取食后生长恢复的周期较长，滇金丝猴需要在很大地域范围内转移，才能保证回到最初取食的位置时松萝已经长出来了，可以继续食用。因此要寻觅滇金丝猴的踪迹，就需要把考察范围扩大、扩大、再扩大。

科考队只能一直找，他们一边背着大包慢慢走，一边心里祈祷主管野外科考的"神"（不管是谁）能够"显灵"。

肖林的好运在上山的第二年降临了。1993 年 4 月 3 日，肖林和钟泰背着沉重的包袱又一次穿行在寻找滇金丝猴踪迹的路上，忽然林间响起了奇怪的声音，一群嘈杂的叫声夹杂着树枝折断的噼啪声飞速靠近，黑白中夹杂着红色的身影从他们头顶掠过，未作停留又急驰而去。

正在拍摄滇金丝猴的肖林　供图／肖林

进入白马雪山的第 10 个年头，也是投身滇金丝猴保护的第 10 年，肖林终于得以和这群神秘的生灵会面。肖林和钟泰拔腿就追，但是山林是猴子的地盘，人要深一脚浅一脚地负重前行，猴子在树枝上一荡就是好几米，自然是追不上的。

但这是一个好的开始。

　　之后的科考中，肖林见到过很多次滇金丝猴，白马雪山的这个猴群因为肖林和同伴们坚持不懈地寻找，逐渐适应了人类的存在，变得不那么踪迹难觅了。他们进而了解了滇金丝猴的家庭结构、主要食物、迁徙习惯，甚至拍到了迄今为止滇金丝猴在自然生境中最清晰生动的一张照片。

　　3 年的科考工作给肖林留下了深刻的印记。他在自传《守山》中写道："野外的 3 年正是我脱胎换骨的深深一眠，我在山里的时候便明白：这辈子如果和这些野生生灵断开联系，我将是个被剩下的可怜鬼。"

　　之后，肖林一直走在保护一线，从参与滇金丝猴国家公园的建设到创立致力于改善当地生态环境的"白马雪山共管协会"，再到 2017 年参与滇金丝猴全境大巡护，白马雪山的环境、白马雪山的生灵一直是他所钟情的。2016 年，"白马雪山共管协会"用"福特汽车环保奖"的奖金在白马雪山中的日尼神山上清除动物陷阱、邀请僧侣利用藏传佛教"众生平等"的理念传播动物保护知识、资助僧侣和村民进行野外巡护。肖林对白马雪山的爱通过协会、寺庙、社区慢慢辐射出去，让更多人加入了守山的行列。

本文原创者

李萌

　　美国哥伦比亚大学公共管理硕士，曾参与 2019 年、2020 年两届"福特汽车环保奖"组委会工作，负责项目宣传与公共关系管理。曾是公益人，现在是公益人兼打工人，未来希望成为给自己打工的公益人。